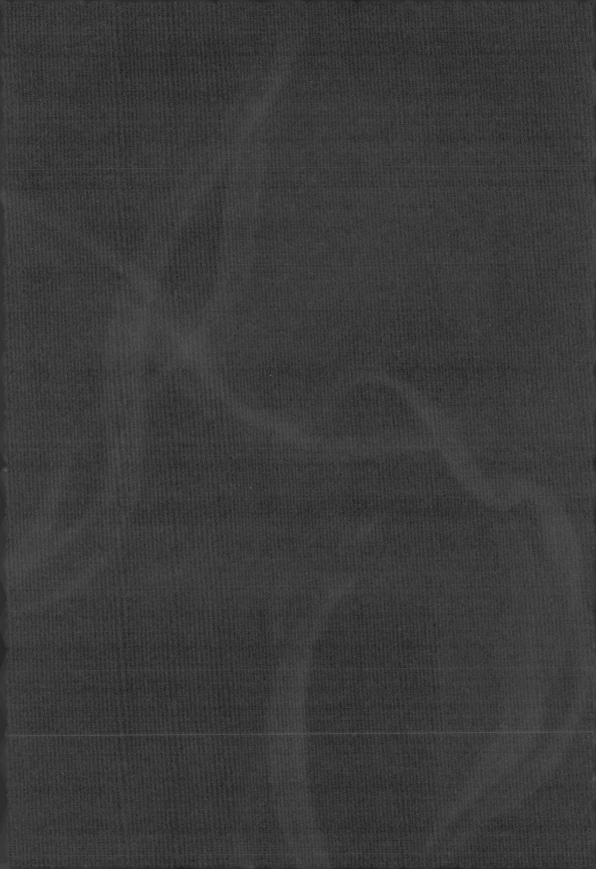

BREWING METHOD AND FLAVOR

萃茶風味

全方位拆解沖泡變因，
司茶師從熱萃冷萃、品飲邏輯與餐搭帶你感受茶香變化！

藍大誠　著

Contents ——————————————— 目錄

CHAPTER 6 台灣紅茶－萃取、品飲與餐搭

CHAPTER 7 球型烏龍茶－萃取、品飲與餐搭

Foreword

　　自己談起品味時會分為「邏輯解析」與「關聯整合」兩階段。換句話說，品味在懂得系統條理的「辨識」，更要懂得連結相關的協調「應用」，品味才有具體意義和實質價值。透過應用產生的學習經驗，能讓辨識範圍更拓寬加深，而應用方式也藉此靈活且精進。所以說喝茶很享受，自己泡茶會更有感，這樣相輔相成，很容易從日常生活強化品味能力。

　　泡茶屬於品味應用的階段，我喜歡這本書，書中內容基於茶葉本質延伸泡茶理念，以闡明風味的特性進行沖泡的規劃、品味的欣賞與結果的校調。再提供精確實用的泡茶技巧、生活條件考量的合宜應對，貫穿全程的正是要逐步建立起完整的泡茶思維。

　　拿出一款茶葉泡來喝，味道可以是香甜，也可以是苦澀。泡茶的知識技能終究專注在風味呈現，著重穩定、隨興變化的掌握。想要如此運作風味，自然必須先理解風味。「風味其來有自」，針對茶葉風味的製作，主要由茶樹品種的本質、季節風土的獨特、工藝專業的風格等三部分建構成形。書中全面顧及各層面並淺顯描述，既是協助感知識別風味上越能深入細膩，目的還是在發展沖泡技巧上越能推理細節。

　　茶葉風味既然蘊含眾多元素，要以「香、味、韻」為基礎，或者選擇以品種特性、風土優勢、工藝專長到整體特質等作局部聚焦，彈性運作沖泡的技巧，盡善發揮茶葉的豐富滋味，也創造了品味的多元樂趣。所以，想對於茶維持無限熱忱，就不必堅持把茶葉泡成固定幾種味道，試著換用可行的技巧，挖掘更多茶葉的內涵，以獲取更多面向的體驗心得。

　　概括來說泡茶的總體流程，是先選定茶葉、規劃品質風味的表現與配置、再選擇適切的水與優化作用的器皿。然後有技巧地控制置茶量、泡茶的水溫、茶葉的浸泡時間和注水方式等。全書編排中自有引導，內容也巧妙安排的簡明易懂，不妨藉此建置起泡茶品味的思考邏輯。

　　平常泡茶就兩步驟，放入茶葉、加入熱水，沒有難度。只要多注意一些小關鍵，便很容易發覺風味竟有差異或突出的表現。書的後半段列舉適合生活各種情境用途的沖泡模組，從細細品茶的小壺或蓋碗、完整享受的大壺浸泡、清爽香甜的大量冷泡到方便的馬克杯獨飲，甚至用餐搭配，足以參考而務實應用。當然，好好利用模組從中變化參數，調整或激發出自己的各種感知、喜好及想法也都是令人期待的。好好泡茶一定更能享受喝茶，跟著這本書開始吧。

楊適璟 ／《深入大吉嶺，探尋頂級莊園紅茶》作者

Foreword

一生愛茶並以推廣品茶、評鑑茶為職志，進入退休年齡後，志向更增加兩項「如何提升茶的位階」、「如何與咖啡、酒類嗜好飲品對接」。小兒子大誠的第三本書「萃茶風味」完全符合我進入老年階段的心願。

目前兩岸茶產業推廣就是「茶葉評鑑」、「茶藝品茶」，如何增加更多群眾與懂得享受人生的高端客群互動，與世界上同樣講究風味的咖啡、紅酒、威士忌、清酒甚至牛奶相互溝通對話；大誠致力於建構茶的風味語言，以科學性、系統性的方式呈現給讀者。

學茶的專業知識從茶樹品種、製造、評鑑開始枯燥難懂，這本書傳遞的茶專業知識從嘴巴裡的味道開始，可以讓您輕鬆學習茶知識。父以子為榮！

藍芳仁 / 現任中興大學兼任講師、前亞太創意技術學院茶業技術應用系主任

如果你會喝茶，但對於茶的風味沒有太多認識，在這本書中，能透過視覺、嗅覺、味覺來學習風味語言。大誠也不藏私地分享品評工具，即便像我這樣的麻瓜，都能夠在這過程學習品飲邏輯，不僅僅是品茶，更是學習品味生活。

知道得越多，一口茶就不只是一口茶，充滿了各種豐富的故事。如果我們有機會透過每一天的品飲，感受這些文化的價值與土地，就是對這些生產者和職人最大的尊重與支持。

龔建嘉 / 鮮乳坊創辦人

Preface

作者序

　　相信大家都有喝茶感覺太濃、太苦、太澀的經驗，有時候去長輩朋友家，他們拿出收藏的茶宴客，但泡出來的茶湯風味似乎不太符合我們想像。拜訪客戶時，客戶熱情的泡茶招呼，端出自豪的梨山茶、大禹嶺茶…等高山茶，喝完卻覺得心悸、胃部有些不適，經常面有難色又盛情難卻，實在有點尷尬。

　　必須好好澄清，很大的機率不是因為茶葉品質不好，導致風味不佳。絕大多數的原因在於泡茶者對茶葉、水質與器具掌握不好，無法沖泡出好的茶湯。好比我不會煮菜、不懂鍋具、不熟悉火候與溫度掌握，煮出來的菜餚當然難以下嚥，可能太生、太熟、太焦。因為不了解箇中訣竅，就算是味覺敏銳的人，一旦不熟悉風味變因，就有很大的機率會搞砸。

　　關於泡茶，有非常多因素需要認識、理解，包含茶葉狀態、浸泡時間、水質、水溫、品飲溫度及器具，以上都會影響茶湯最終的風味，而且影響程度大約佔了一半以上。希望透過第三本書帶領大家沖泡出好的茶湯味道。泡茶真的不難，困難的事情在前端製茶、焙茶時就已經處理好了，這本書會給你最基本的沖泡參數與邏輯，依照司茶師的建議調整濃度與比例，就能學習與尋找最適合的沖泡風味。

本書作者　藍大誠

茶的品飲邏輯
Tasting Notes

ABOUT TASTING ————

為什麼需要建立品飲邏輯？

　　我出身於茶文化產業的家庭，家父是台灣茶之父吳振鐸教授的首席弟子——藍芳仁老師，很多人都說從小耳濡目染，一定很喜歡茶吧！其實相反，我一直很討厭茶。還記得小時候朋友都能出門玩時，我卻要在家裡挑撿茶枝、包裝茶葉，包茶時不小心撒出一兩顆茶葉就會被罵到臭頭。在這個環境下成長的我，內心暗自決定，長大後絕不要從事茶葉相關的產業。

　　出社會後，我進到葡萄酒進口商工作，從中理解了各地區酒類的分級制度，更認識葡萄酒如何詮釋不同地方的風土與風味，發現茶與酒的邏輯很類似，產區和工序同樣講究，因此種下了我希望能以「風味」詮釋茶的種子。做茶的工序是繁瑣的，每顆茶葉都是農民長時間細心栽培與努力付出才能得到的心血與成果，必須更加尊重，同時也理解了為何父親會如此重視每顆茶葉。為了把屬於「台灣的風味」繼續傳承下去，憑著熱情，我決定回鄉創業。

　　回到茶產業工作後，發現大多是以茶道、茶席、茶藝的方式去詮釋茶，但每次品飲時，總覺得缺少了對美味的感動，就像是吃到好吃的食物、喝到好喝的酒時，會有一種發自內心的雀躍與幸福感。目前為止，台灣茶產業大多侷限於茶改場教導的品飲邏輯，包含沖泡方式、呈現方式，停留在「評鑑」而不是「品味」，但其實只要製作得宜，茶也能像高端酒類一樣被細細品飲，擁有非常高的可塑性。我希望借鏡葡萄酒、清酒的系統化品飲制度，把台灣茶風味傳遞給年輕一代，以及其他國家的消費者。

茶的語言與品飲邏輯

為了讓茶的風味被理解和溝通，我們得先確立多數人都能接受的品飲邏輯，就如前述所說，借鏡清酒與葡萄酒的系統，以國際侍酒師們認同的品飲邏輯來描述台灣茶，如此才能將台灣茶的風味與文化傳遞給其他國家的消費者，同時把「品味好茶」這件事融入日常飲食生活。

2017 年出版第一本著作《識茶風味》後，於 2021 年創立了「冉冉茶事」，這些年我開始與提供 Fine Dining 的高端餐廳合作「茶佐餐」，與主廚、侍酒師彼此溝通、交換想法，甚至開心地創作風味。透過風味描述，雙方能精準了解對方想呈現的味道並做出巧妙的搭配；回到消費者端，從不同人士的反饋來看，證實了以風味語言傳遞茶湯各種樣貌是正確的，透過風味引導，有了更完整的用餐體驗。「風味語言」乍聽有些抽象，但只要有心，每個人都能從零開始，只要先理解「品飲邏輯」，在練習提升品味的路上就不會感到迷惘。

在東方文化中，「茶」幾乎是生活中的一部分，但因為過於日常，很少人會深思如何有系統性地理解、說明清楚茶湯風味，加上大多數喝茶的人們都有著自己的主觀喜好。在台灣，這種思考模式又更為普遍，如此很難將茶湯風味系統化甚至量化。因此，許多高端精品茶款很難被年輕一輩接受，更難被國外消費者理解，只侷限於同溫層內，這也是為何茶一直到現今都無法像葡萄酒或清酒一樣，在全世界的高端市場中被推動、被價值化。世界上已有許多成熟的品飲系統，例如：WSET（英國與葡萄酒烈酒基金會）、SSI（日本清酒服務協會）…等，這些機構都是以品飲邏輯為出發點進行教育，好讓

更多的品飲者、侍酒師、消費者了解原始風味。

一般來說，專業侍酒師與唎酒師在工作時都需要客觀看待風味，不能只是一味介紹自己的喜好，必須藉由言語引導來描述風味、風土，目的是讓消費者能理解飲品背後的文化與價值所在。茶也是一樣的，若能把品飲邏輯先建構起來，再加以推廣，就能讓更多人知道怎麼描述與認識茶文化的價值與工藝。建立正確的品飲邏輯有四個好處：

1・改善萃取結果，進而影響品飲感受

先認識品飲邏輯，有助於判斷茶湯結構，可能太濃、太淡、苦澀度高，然後回推萃取情境。再透過修正微調萃取參數，便能找到屬於自己的沖泡拼圖。

2・能清楚認識自己的喝茶喜好

透過邏輯化的品飲系統，先認識自己喜愛的風味，進而挑選自己喜歡的茶款，像是喜歡花香調、果香調，又或者喜歡茶感厚重…等，這時候你會發現不一定價格昂貴才是好茶，只要符合自己的口味就是最理想的茶款。

3・從品飲感受判斷茶湯品質和優缺點

品飲時先撤除主觀喜好，透過正確的品飲邏輯學習如何客觀判斷茶湯品質與優缺點，並衡量茶款價值。

4・愛茶同好或同業間順暢溝通與交流

透過正確的方式來表達風味，能讓愛茶同好彼此確立當下溝通是一致的頻率，有點像藉由相同的語言來溝通，幫助彼此理解茶湯結構與風味。

PREPARE ————

品飲前的準備

　　初期學習品飲邏輯時，第一件事是盡量避免外界干擾，確保視覺、味覺、嗅覺及觸覺…等所有感官都能清楚判斷茶湯風味，這也是對創作者最基本的尊重。在熟悉、熟練品飲邏輯的全貌之後，就不用這麼麻煩了，評鑑時自然就能排除外界干擾的因素，進一步判斷茶湯本質。以下有五個事前準備：

1・留意品飲空間的光線

　　先確保品飲空間的光線充足，以自然光或白晝光為主，請盡量避免黃光或紅光，如此才能精準判斷茶湯顏色。若在桌面上放置一張白紙，更能夠幫助茶湯顯色。

2‧避免過度的香氣及味道

為了辨別茶湯細膩的香氣，請避免使用香水、精油、薰香以及味道較重的潤髮乳、護手霜、衣物精…等。除了自身的香氣外，也需注意空間裡的通風是否良好，不得有其他氣味導致干擾品飲過程。

想讓自己保持敏銳嗅覺的人，在日常生活中可以盡量挑選自然香氣，減少使用化學香精製成的商品，此舉能有效地幫助嗅覺訓練。

3‧常保持味覺的清晰度

品飲前，避免食用過甜、過鹹的食物，平時的飲食習慣盡量調整成以原型食物為主，少吃過度加工食品或過重調味的料理，有助於日後對於茶湯的品飲感受。茶湯在所有食物當中算是味道最淡雅的，如果平時飲食習慣過重，比較難感受茶湯細膩的風味變化。

4‧維持口腔觸覺的靈敏度

品飲前，盡量避免喝礦物質過高的礦泉水、吃纖維過高的食物，以及飲用汽水或氣泡水。過高的礦物質或單寧感都會殘留在舌面與整個口腔，當茶湯入口時，這些澀感會重複疊加，而影響到最終的風味判斷。

5‧器具的挑選也會影響品飲

無論冷茶或熱茶，我都建議使用高燒節溫度的器具來品飲。我個人喜歡使用 RIEDEL CHARDONNAY 來品鑑冷萃茶，風味表現相對均衡；至於熱茶，則使用高燒結溫度的白瓷杯。使用器具前，需確保杯子無雜味、無灰塵或潮濕的氣味，如果杯子沒有清洗乾淨，本身就有雜味或異味的話，都會影響品飲的最終風味。

TASTING NOTE ──────

關於茶的 Tasting Note

就像喝酒、喝咖啡一樣，茶也有自己的 Tasting Note，透過練習記錄並寫下風味結構，再整理轉換成「風味資料」，藉此思考每款茶湯味道結構的強弱，並理解一支茶款的輪廓與本質，藉此蒐集到自己的味覺資料庫中。一旦累積的時間久了，這些資料就能成為溝通用的語言，無論是品飲者、沖泡者、料理者都能彼此理解。

為什麼特地強調用書寫來記錄風味結構呢？因為只用口述來溝通的話，難免比較直覺，當下的情緒偏感性或是模糊地描述一支茶款；但是書寫就相對理性，是稍微經過思考後才寫下的，包含香氣、甜度、酸度…等各種感受。而這些項目分別代表茶葉在生長與製作的所有過程，無論風土、種植環境、製作工序、沖泡參數、水溫、浸泡時間，以上因素都會影響整體風味結構。為了讓品飲感受變成有意義的風味資料，以「Tasting Note」明確記載每個項目的強弱，能幫助品飲者、沖泡者進一步比對所有變因對於茶湯結構的影響與重要性，最後結合感性的口述與理性的記錄，用文字與語言讓風味傳遞有憑有據，同時又不失溫度與感情。

· 從視覺、嗅覺、味覺評鑑茶

視覺評鑑	· 茶乾 · 茶湯顏色
嗅覺評鑑	· 香氣強度 · 香氣種類
味覺評鑑	· 甜度（Sweetness）· 酸度（Acidity）· 鮮味（umami） · 茶體（Body）· 尾韻（Finish）· 質地（Texture） · 綜合評價（OverAll）

Tasting Note	
茶款名稱	
視覺	（以文字描述）
茶乾外觀	□細碎　□芽型　□條索　□球型
茶湯清澈	□清澈　□混濁
茶湯顏色	□青綠　□金黃　□橙紅　□紅色 □焦糖　□琥珀　□黑褐　□黑色
香氣強度	□低　□中　□高
香氣類型	□草本　□花香　□果香　□蜜甜 □核果　□木質　□其他

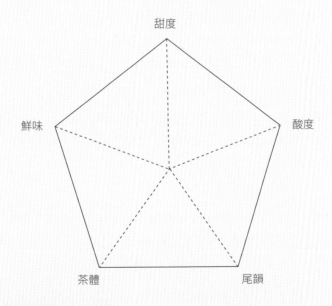

綜合評價	□ 劣質，能明顯感受瑕疵或缺點 □ 一般，無明顯缺點，也無記憶點 □ 優良，風味令人驚艷
備註	

視覺評鑑

・茶乾

我常說「看茶泡茶」很重要，觀察時有兩大方向：「顏色對應沖泡溫度」以及「外觀對應沖泡時間」。

若進一步說明，顏色反應了發酵與熟成度，外觀形狀對應揉捻工序，因此需判斷茶葉外觀來制定萃取計劃。

・茶湯

藉由透亮的水晶杯來清楚判別茶湯顏色，以初步判定製茶工序，但需注意，所有工序還是以入口的感受為憑。無論茶湯顏色深淺，最基本的條件就是要清澈透亮，絕對不可混濁。在評鑑表上得清楚記錄湯色是否混濁，因為茶湯清澈與否代表著製茶工序是否完整，以及茶湯是否能安心入口。

茶湯混濁可能代表已受雜菌的汙染而酸化，或是製茶工序不完整，有過高的咖啡因、生物鹼及水分殘留，若長期飲用會對人體造成負擔。泡茶時，難免有小茶末殘留在茶湯中，這個則是正常現象；如果茶末明顯沉澱，而茶湯還是維持清澈透亮，只要把茶末過濾掉即可。

剛沖泡的清澈茶湯　　　　　　茶末多的茶湯　　　　　　放一週的混濁茶湯

茶湯顏色會隨著工序轉變，在湯色清澈的前提下，依顏色分兩大類：

1 · 自然成熟：茶葉內部酵素氧化

在茶葉初製工序的階段，依發酵度分成綠茶、烏龍、紅茶這三大種類，稱為「自然成熟」或「前發酵」，與水果在欉紅的概念相同。顏色會由青綠、黃綠、橙黃、橙紅、鮮紅、深紅，由淺至深慢慢變化，同樣代表著茶湯內部酸甜的變化。

低發酵度 ——→ 高發酵度

自然成熟的茶湯顏色變化

低發酵度　　　　　　　　中發酵度　　　　　　　　高發酵度

2‧後天熟成：加熱烘焙或微生物發酵

　　屬於茶葉精製過程中的「人工熟成」與「後發酵」，透過日曬、烘焙、陳年…等後天工序產生顏色變化，為褐色堆積，由淺到深（淺褐色→褐色→焦糖色→深褐色→黑褐色）。茶乾熟成的顏色變化就類似各種糖類（白糖→紅糖→焦糖→黑糖），顏色會慢慢越來越深。

淺
焙
度

↓

較
重
焙
度

後天熟成而來的茶湯顏色變化

淺焙度　　　　　　　　　　中焙度　　　　　　　　　　較重焙度

嗅覺評鑑

　　無論茶、酒、咖啡、料理，嗅覺都是我們在品味時使用的感官之一，細細地嗅聞來自於茶湯當中的芳香物質，去理解它、熟悉它，是非常重要的一環。

　　我會建議挑選高腳水晶杯，能更明顯察覺茶湯當中細膩的香氣，但請留意，評鑑香氣的前提需建立在清楚可辨識的基礎上。無論一般茶類飲料或高端精品茶，都要有清晰明確的香氣表現，它代表了茶款品質的好壞，並直接對應到香氣細膩度、層次與濃度。如果用音樂來比喻，樂章由不同樂器的高中低音共譜而成，不論聲音強弱，音準正確為首要條件，先有了正確音準，才能討論旋律。

· 香氣強度
　　輕輕地搖晃高腳杯，此時茶湯香氣便能夠清楚綻放，香氣大致分成強、中、弱的層級。

　　強：鼻子距離杯子 15 公分時，就能清楚感受到香氣。
　　中：鼻子在杯緣就清楚感受香氣。
　　弱：讓整個鼻子埋進杯子才能感受到香氣。

中度香氣，在杯緣就
能感受到。

偏弱香氣，讓鼻子埋進杯子才能感受到。

·香氣種類

依據茶款產地與製作工序，可將香氣類型粗分成三大類型，如同葡萄酒的第一層、第二層、第三層的香氣分類。

原物料香氣為最輕盈的香氣類型，通常會在杯子最上緣的部分，為第一層。第二層香氣是成熟飽滿的香氣類型，在杯子中間的部分能清楚感受到。熟成類型的香氣是第三層，屬於最厚重的香氣分子，通常落在杯子最底部。

原物料香氣：幾乎零成熟度的茶葉，經過輕發酵所呈現的香氣。類似水果還在綠色、黃色階段，或是花朵含苞待放、剛綻放時的香氣。

成熟香氣：高成熟度的茶葉，經過高度發酵後所呈現的香氣。類似水果在樹上成熟到橙紅色階段時，甜度變得飽滿、酸感降低，此時香氣以甜香系為主。花朵盛開後慢慢成熟到凋零前，花香甜感會到達最高峰。高成熟度所帶來的甜香，即為成熟類型香氣。

熟成香氣：以後天熟成工序做茶，利用高溫烘焙、陳年熟化就會產生熟成香氣。類似焦糖、木質調，或是像曬乾水果、龍眼乾、荔枝乾…等，都是熟成的香氣類型。

第一層是原物料香氣／低成熟度的茶款，例如高山烏龍、煎茶，類似青色、青黃色的水果，或是花朵含苞待放、剛綻放時的香氣。

第二層是成熟飽滿的香氣／高成熟度的茶款，例如日月潭紅玉、傳統東方美人，類似水果在樹上自然成熟，甜度飽滿、酸感降低，或是花朵盛開後的甜感滿盈。

第三層是熟成厚重的香氣／高熟成的茶款，例如傳統凍頂烏龍、陳年茶款類似果乾的濃縮香氣，是後天熟成而來（高溫烘焙或陳年熟化）。

味覺評鑑

　　運用舌頭來判斷茶的「酸、甜、苦、鹹、鮮」五種味覺，這五個項目足
以決定茶款的好壞，甚至能從中回溯茶款製作與種植時產生的風味變化。

・甜度（Sweetness）

　　茶葉的生長環境直接影響甜度表現，日照充足的茶區裡生長的茶款甜度
相對較高，環境寒冷的茶區裡生長的茶款酸度則較高；就跟水果的概念一樣，
熱帶水果甜度飽滿，寒帶水果酸度明亮。除了氣候影響之外，甜度也是土地
養分最直接的表現，茶園管理及茶樹健康狀況都良好時，茶款甜度一定既清
爽又飽滿。另外，處於環境逆境時，茶葉的甜度也會隨之提高，東方美人茶
與蜜香紅茶都是最好的例子。

　　甜度可以分成三個等級：低、中、高。茶的甜度無法像糖漿或水果般的
甜膩，茶湯的甜大多指的是「甜香」。

　　低甜度：這類型的茶款也可稱之為微甜，茶葉在未發酵、未熟成的階段
還是會帶有些微的清甜感。

　　中甜度：經過正常發酵的茶款，中度發酵使茶湯帶有黃色系水果或黃色
花香的平衡甜度。

　　高甜度：茶葉生長過程中被小綠葉蟬叮咬、刻意晚摘，或經過高度發酵
後再烘焙，此時的甜度極高。

低甜度：

茶葉在未發酵、未熟成的
階段仍帶有些微的清甜
感，例如：玉露…等茶款。

中甜度：

經過正常發酵的茶款，因
為中度發酵使茶湯帶有黃
色系水果或黃色花香的平
衡甜度，例如：青碧…等
茶款。

高甜度：

茶葉生長過程中被小綠葉
蟬叮咬、刻意晚摘，或經
過高度發酵後再烘焙，此
時甜度極高，例如：紅烏
龍…等茶款。

· 酸度（Acidity）

茶湯酸度呼應茶葉生長環境與發酵製作溫度。但它不會像水果或葡萄酒那麼直接、強烈，得從兩頰、舌頭去嘗試感受。在舌面的刺激感有點類似青檸檬的尖銳酸感，刺激是輕微的，並且會讓唾液分泌，若唾液分泌越多，表示酸度越高。

另外也能從兩頰來感受酸度強弱，因為高甜度與高酸度通常會互相平衡、掩蓋，在甜度極高的情況下，舌面無法清楚感受到酸感，這時候就要靠兩頰來感受茶湯酸度，酸度使兩頰產生明顯酸感與生津，酸感強弱對應酸度。但是需要特別留意，茶湯酸度不能出現醋酸與乳酸的風味，如果出現的話，代表茶湯已經變質壞掉了。在此分成高、中、低酸度這三個級距：

高酸度：類似青葡萄、青蘋果、青檸檬…等青澀水果般的尖銳酸感。
中酸度：類似黃色、橙色調性水果的沉穩酸感。
低酸度：類似紅色、蜜餞果乾般熟成的酸度。

高酸度	中酸度	低酸度

・ **鮮味（umami）**

　　在全世界能搭餐的飲品當中，茶與清酒是最足以呈現鮮味的飲品，鮮味就是 umami（旨味／うまみ）是在酸甜苦鹹鮮中的「鮮味」，大部分料理都有鮮甜味，因此更容易跟料理搭配。例如：新鮮蔬菜、海鮮、昆布湯，這些都是鮮味的代表。

　　至於紅葡萄酒使用葡萄，經過高度成熟與發酵工序之後很難找到鮮味，呈現的是明亮飽滿的果酸甜美感。所以葡萄酒餐搭時，若遇到鮮味強烈的食

材，反而容易引起反效果，可能帶出葡萄皮發酵後的鐵鏽味，並把果皮的澀
味展現得更明顯，或出現發酵時的成熟酸味；因此在用餐體驗中會盡量避免
以紅葡萄酒搭配高鮮味食物。

　　茶葉嫩採並且做好完整萎凋，確實抑制發酵溫度，就能將茶葉的鮮味清楚
地表現出來，最具代表性的是日本玉露及煎茶，有著原物料本身飽滿的調性與
鮮味，甚至像新鮮昆布湯一樣，擁有黏稠、圓潤的質地。而台灣的高山烏龍茶，
在輕發酵、輕烘焙的狀態下，也會呈現類似蔬菜水果般新鮮脆甜的味道。這些
風味搭配海鮮料理時，更能引出海鮮的鮮甜味，但相對地，如果食材不新鮮，
也會把食物的缺點放大。風味品評時在此將鮮味分成三個等級：

輕：如同新鮮蔬菜與水果般的鮮甜味。
中：如同使用新鮮昆布熬煮而成的昆布湯。
重：如同濃郁的海鮮湯、蕈菇湯，帶有飽滿濃香甚至是乾香的鮮味。

・茶體（Body）

　　品飲葡萄酒時，常常會提到酒體（Body），而茶湯也有「茶體」。綜合
茶湯風味在口中的重量就是「茶體」，也可以理解成液體的綜合密度。當密
度越高時，在口中的重量越重，像是清湯、濃湯入口後的密度及重量就完全
不同。

　　感受並且判斷茶體時，若只是單純品飲便無法定義茶款的好壞優劣，而

是必須取得完整的沖泡參數，才能有效判斷茶款品質。如果兩支同樣沖泡參數的茶款，濃度同為1克：50毫升，品質優良的茶款必能萃取出較厚、密度較高的茶湯；相對較劣質的茶款，茶湯濃度及密度一定較為單薄。然而，一位精通沖泡參數的泡茶師，只要透過增加置茶量、調整沖泡濃度與萃取範圍，就能夠做到密度相同的茶體表現。判斷茶體時，記得確保是在相同濃度與條件下所萃取的茶湯。茶體分成三個強度：

輕：與水的重量相當，並不會感受到太多的厚度。

中：類似昆布、柴魚湯或蔬菜湯的重量，有一定風味的強度。

重：類似牛奶或濃湯飽滿的厚重飲品。

．尾韻（Finish）

茶湯入口後，風味停留在口中、喉頭的綜合感受，分為長、中、短三個級距。通常，茶葉本身的質量好壞會直接影響尾韻，而沖泡濃度、手法、單寧萃取多寡也會影響餘韻。從廣義來看，品質越好則餘韻越長；若沖泡得越完整，餘韻也越長。在茶葉製作工序中，發酵度與後天熟成度同樣會影響到尾韻，可以分成：

短：先不論留在口中香氣的好壞，剛入口之後就沒有後續的餘韻。

中：入口後，口腔、上顎、喉頭的香氣停留時間大約20秒左右。

長：香氣能夠持續1分鐘以上。

・質地（Texture）

所謂的「質地」，正確來說是口腔內的觸覺感知。茶湯內含的果膠質、單寧、礦物質以及沖泡用水，這些要素都會直接影響質地表現，簡單分成三個大方向：

滑順（Smooth）：茶湯質地就像羽絨、鵝毛、鵝絨般輕柔。

黏稠（Creamy）：茶湯中的醣類物質含量高時，就會產生明顯的黏稠感，有點類似糖漿、油脂般的稠度。

粗澀（或稱單寧 Tannins）：近似葡萄酒的單寧感，是植物受到日照所產生的纖維化。正確的澀感像吃完水果皮，會在口感留下明顯的植物纖維感，通常帶有木質調性的茶款就會出現清楚的植物纖維澀感。

·綜合評價（OverAll）

練習以茶湯狀態來判斷品質優劣，在標準評鑑的萃取前提下，能確保萃取過程不會出現誤差，此時就能將品質判斷的重點放在茶湯本身，藉由茶湯表現來判讀茶葉狀態，同樣分成三個級距：

劣質：在茶湯風味中有明顯的缺陷，例如：水味、受潮味、菁味，這些都是不能出現的味道。

一般：不論主觀喜好，在風味尚無瑕疵，可以接受的茶款定義為一般。

非常好：風味完整、亮點突出、記憶點明顯，都定義為非常好。

用 Tasting note 建立茶款風味資料庫

綜合以上所有變因，在練習過程中使用 Tasting note，把所有會影響茶風味的關鍵要素記錄下來再理性分析，便能有系統、有邏輯地建立風味資料庫，進而梳理出一套品飲邏輯。練習品飲邏輯就如同學習語言，在記憶單字同時得先理解文法的大方向，思考該如何組成一段句子，經過長時間練習和比對，便能熟能生巧且運用自如。接下來，累積不同詞彙就是最累人的部分了，多喝多感受每一款茶，先不過度主觀定義，就能從中慢慢地歸納出自己的心得，並且運用在實際面操作。

利用 Tasting Note 來了解自己的風味喜好，就能更容易挑選到自己喜愛的茶款，同時也是和愛茶同好溝通的基礎。每次泡茶或喝茶時，趁機記錄每款茶的風味結構，甚至寫下每一沖的風味結構，就能拓寬自己的品飲經驗。平時練習沖泡時，可以試著把某些條件固定下來，觀察及比較茶湯味道的差異，進而讓沖泡技術更精進。

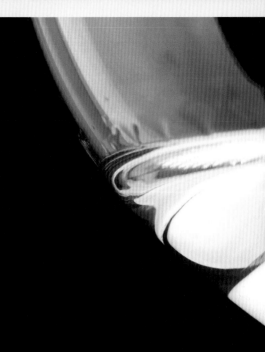

· **從視覺、嗅覺、味覺評鑑茶款**

視覺評鑑	· 茶乾（顏色、外觀） · 茶湯（顏色深淺、清澈度）
嗅覺評鑑	· 香氣強度（強、中、弱） · 香氣種類（原物料香氣、成熟香氣、熟成香氣）
味覺評鑑	· 甜度（低、中、高） · 酸度（高、中、低） · 鮮味（輕、中、重） · 茶體（輕、中、重） · 尾韻（短、中、長） · 質地（滑順、黏稠、粗澀／單寧感） · 綜合評價（劣質、一般、非常好）

萃 取 前 的 各 種 準 備
Tasting Notes

ABOUT TOOLS ————

萃取前準備——器具與參數

　　身為司茶師，這些年和客人互動的過程中，我發現現代人對於泡茶萃取的知識需求大幅增加，用途也越來越多元，已經不像早期長輩聊天泡茶時的日常品飲，或以茶道、茶席的繁複方式展現，有更多的需求是想了解「如何提取茶的風味」。例如，雞尾酒吧的茶調酒、手搖飲的基底茶，或用茶元素入菜，做成醬汁或直接料理。

　　不僅如此，我正帶領更多人以品酒標準來感受茶湯風味，進而著重於器皿、杯形、品飲溫度，輔助體現茶湯的完整風味和蘊藏其中的風土味道。而這些不同用途的萃取需求，最終都會圍繞在「濃度」、「溫度」、「時間」、「器皿材質」這四個元素上，這個章節將帶大家認識這些重要元素如何影響茶款風味，並以科學角度來理解萃取基礎。

　　準備開始泡茶前，我會確保所有會用到的器具都放在正確位置上，有點像是做料理前的事先準備，隨手就能取得需要的物品。事先建立良好的環境與備料作業，一定會花點時間，但能讓沖泡操作時省力順手，畢竟茶葉浸泡只要多個 5 秒，風味就會完全不同，前製做得好，後續就只需專心觀察萃取狀態的變化即可。

　　除了器具的配置安排，還有「沖泡參數」設定。如同下廚時需要食譜或配方一樣，希望茶湯呈現最好的味道，可先設定好萃取參數，接下來只要等待時間讓茶葉慢慢釋出味道，達到我們預設的濃度即可。呼應 Chapter1 提到的品飲邏輯，泡茶萃取前必須清楚知道茶湯的目標濃度，再針對不同濃度與萃取需求來設定對應的器具。以下將一一介紹泡茶時的必備器具，並加以詳細介紹原因與原理。

溫度計：

　　溫度計能協助我們在泡茶時精準地測量「萃取溫度」，就像料理烤焙或舒肥需要在意溫度一樣重要。一般來說，高溫萃取能展現厚重的單寧感與結構，如果溫度差個 2 ～ 3℃，風味就有明顯差距；至於低溫萃取，則能保留香甜滑順的口感。

　　不只萃取溫度會影響風味感受，品飲時的溫度同樣重要。無論熱沖或冷萃，品飲溫度對於感官、香氣走向、茶湯滋味與結構都有極大的影響，很多時候只因為品飲溫度的差異，就可能讓茶湯呈現完全不同的狀態。

　　以食物舉例，萃取溫度就像烹調溫度，如果烹調溫度不對，會造成食物

沒熟或焦掉。品飲溫度則如同品嚐食物時的溫度，吃熱熱的薯條會覺得外酥內軟，但冷掉的口感就完全不對了，甚至有點油耗味，溫度對茶來說也如此重要。建議想認真學習泡茶的讀者，一開始就買好一點的電子式溫度計，畢竟溫度計跟其他器具比起來真的不貴，電子式溫度計能精準掌控沖泡溫度，更有效地幫助理解溫度變化對風味的實際影響。

許多咖啡用品專賣店都有販賣電子式溫度計，建議不要購買額溫式或紅外線槍型感應溫度計，因為水的折射會影響到紅外線感應溫度，準確度與針型溫度計相比會有明顯落差。

電子秤：

　　電子秤能幫助我們精準掌控「萃取／沖泡濃度」，透過品飲筆記，記錄當下茶湯濃度所對應的風味表現，再交叉比對各種不同濃度的風味差異，逐次累積味覺資料庫。相信平時有在做菜或手沖咖啡的朋友們一定有電子秤吧？可以拿來計算醬汁、調味、克數，是最直接也最方便的工具。

　　此外，電子秤還能精準掌控「置茶量」和「器具容量」。以我自身經驗來說，初期學習掌握茶湯濃度時，也是用電子秤來輔助，非常有幫助，大家可以到儀器行或咖啡用品專賣店購買。

　　有些功能更好的電子秤，甚至能精準紀錄沖泡曲線，同樣建議大家，電子秤也一次買到位，能精準測量至小數點一位的款式最理想，有利於每次計算茶湯濃度不失準。不太建議使用傳統的秤子或天秤，有時差個 0.5 克就會影響茶湯濃度。

沖泡器具：

　　不得不說，若要認真談論沖泡器具，就能直接寫成一本書，沖泡器具真的太多種類、材質、大小與用途了！像中國宜興壺、景德鎮瓷器蓋碗、日本急須壺，以及歐洲常使用大型的瓷壺來沖泡紅茶⋯等。還有商業用途的器具，許多手搖飲的基底茶則使用不鏽鋼桶或不鏽鋼大水壺沖泡，還有市面上常見的「冷泡茶」，用寶特瓶就能沖泡，最簡易的茶包則使用馬克杯來沖泡。每種器具都有很深的學問可以探討，但最終都會回到溫度與濃度的設定上。

　　不同器具的材質各有不同原理，也有相對應的萃取參數建議，這裡先簡單介紹器具，暫時先不論器具的材質為何，挑選沖泡器具有以下幾個大原則可參考：

原則 1‧避免挑選壺口太過狹小的茶壺

為了投入茶葉與掏取茶渣時皆能順利進行，壺口大小很重要。我自己收藏了一個法國茶壺老件，原先設計就是給茶包使用，所以壺口很小。有次想嘗試使用它來泡台灣條索狀的紅茶，在正常情況下很難放茶葉進去，得將茶葉折碎才能投茶。浸泡後茶葉充分舒展開來，這才發現茶渣很難挖出來，使用時不太便利。

原則 2‧注意壺嘴是否容易阻塞

壺嘴會直接影響出湯速度，以及斷水是否俐落。早期的中國宜興壺與歐洲大茶壺不會設計濾網或茶擋，容易造成茶葉都堵在壺嘴而無法出湯，還得用茶針稍微疏通壺嘴，才能使茶湯順利流出，但這樣可能耽誤了最合適的出湯時間、造成過度浸泡，偏離了預設的茶湯風味。另外也要留意一下壺嘴的造型設計，需要能順利斷水、不滴漏的類型比較好。

原則 3‧器具形狀會影響茶葉舒展

為讓所有茶葉在浸泡時都能充分舒展開來，需考慮器具形狀。建議依照器具容量換算最適當的置茶量，使得每一片葉子都能均勻地接觸到水，茶葉才不會卡在某些部位張不開，而造成萃取不均。

　　以上條件都非常基本，是為了讓我們在沖泡過程中能夠順利完成每個動作，避免延遲到出湯時間，同時讓茶葉均勻釋放出味道又不會過萃。在早期的台灣，並不這麼重視品飲茶湯風味時的細緻表現，比較重視日常沖泡、待客沖泡，以及注重名家器具的價格。當時的時代背景產生了許多造型茶壺，延續至今仍有許多陶藝家會以藝術品的概念來設計茶壺，卻忽略了從沖泡者的使用習慣來思考如何創作茶壺。以下簡單介紹常見的的泡茶器具：

1・中國宜興壺

　　使用中國宜興當地所開採的泥沙，經過煉土再燒製而成的泡茶器具。宜興當地的泥沙富含豐富礦物質，經過煉製陳年後的泥沙土胎可塑性高，耐高溫又具有透氣性，適合燒製成泡茶器具。「煉土」是為了使所有土胎的密度變得均勻一致，才不會因為高溫燒結的過程產生龜裂。

　　宜興壺有著深厚的學問，早期宜興官窯一廠所燒結出來的壺品質最佳，因為當時中國政治的因素，大部分最優質的土胎都在官窯裡，不只材料好，就連許多名家都是從官窯出生，這也是為何許多長輩們都會大量蒐集宜興壺的緣故，現今中國宜興當地已禁採泥沙許久，市面上充斥著許多仿品，建議購買時找專業可信任的賣家。宜興壺的材質分成兩種：

・朱泥壺

　　朱泥壺土胎薄、密度高，適合沖泡重視香氣類型的茶款。使用密度極高的「紅泥土」煉製而成，高溫燒結出來的茶壺密度極高、聲音清脆；長輩常說，品質良好的朱泥壺在打開壺蓋時的聲音如同寶劍般清澈。

• 紫砂壺

　　使用帶有豐富礦物質的「沙土」燒製而成，沙比泥的顆粒稍微再粗一些，所燒結出來的器具壺壁較厚、毛細孔較大、保溫效果極佳同時具有透氣性，適合沖泡重視口感、厚度類型的茶款。大部分台灣烏龍茶都揉捻成球狀，需要較高的萃取溫度，才能讓茶葉充分舒展，紫砂壺自然成為最適合沖泡台式烏龍茶的器具。

朱泥壺

紫砂壺

2 · 中國瓷器蓋杯

使用中國景德、德化所開採的瓷土，同樣經過煉土再高溫燒製而成。中國瓷土的品質良好，尤其景德與德化這兩區所產的瓷器，經過高溫燒結還能夠薄如紙、透光性好，瓷土比朱泥的密度更細、延展度更高。由於瓷土的密度極高，幾乎能還原九成以上的茶葉香氣，適合呈現重視香氣的茶款。

早期學沖泡時覺得瓷器都一樣，都是高溫燒結再上釉，幾乎沒有毛細孔，後來一位香港朋友打開我的眼界。朋友收藏了許多清代康熙與乾隆的官窯蓋杯，難以想像這些品項都是可以放在故宮博物院收藏的物件，屬於做工非常細緻的手繪青瓷，土胎與釉藥幾乎完美貼合。使用官窯蓋杯沖泡後驚為天人，原來香氣能還原得這麼細膩又完整。有了這次經驗，讓我開始理解並追求瓷土背後深藏的學問，但康熙與乾隆官窯的價格實在令人無法高攀。

3・瓷器大茶壺

　　大容量的瓷器茶壺發源於歐洲下午茶，對象大多是皇室貴族，壺身、杯盤有著華麗裝飾。瓷器做到這麼大、土胎壺壁又薄，就相對需要極高的工藝與瓷土品質。

　　在歐洲，習慣用碎形紅茶或花果茶來泡茶，將固定比例的乾燥花、乾燥果、香料與茶葉包裝成茶包，才能讓配方中的每個風味均勻釋放。歐洲下午茶用茶的習慣幾乎以茶包為主，所以許多瓷器大茶壺都是針對茶包需求所設計，這樣的品飲文化也造就了許多歐洲瓷器知名品牌，例如：德國赫斯特瓷器 Höchster Porzellan、麥森 Meissen、法國麗固 LEGLE，這些瓷器品牌不只有茶壺、餐具、碗盤，還有更昂貴的藝術品。

4 · 日本急須壺

日本由北到南各地區都有不同的燒窯方式與材料，有瓷器與陶器，因為各地方土質不同，所需的燒結溫度甚至釉藥也截然不同。日本的燒窯技術與地方風土息息相關，在地土質能開採出什麼樣的泥沙？是否含有豐富的礦物質？泥土與沙土的細緻度又是如何？這些全都影響了日本燒結工藝。以急須壺來說，我比較喜歡有田燒，也就是由瓷土所燒結出來的急須壺，更能完整呈現煎茶或玉露其細膩軟綿的質地，同時還原茶款香氣表現。

日本煎茶的沖泡習慣是依照比例克數將茶葉丟入茶壺內，使其充分舒展後再出湯，容量設計相比歐洲的瓷器茶壺來得小，壺把設計則以側把、斜把為主，讓茶壺更方便單手操作。但日本煎茶、玉露茶乾外觀較細碎，因此急須壺通常有壺擋設計，確保茶葉能留在壺中，使茶湯維持清澈。

5 · 不鏽鋼茶桶

不鏽鋼茶桶的萃取大多用於飲料茶、手搖飲，因為需要大量萃取穩定的茶湯。不鏽鋼材質加上大量萃取較難展現茶款的細緻風味，但對於大量萃取的需求已經足夠，只要將萃取參數設定好，再把水質調整到適當數值，即可符合商業用途。

6 · 冷萃玻璃瓶／保特瓶

使用玻璃瓶或寶特瓶來做冷萃茶滿方便的，以常溫或冷藏的方式進行低溫萃取，能保留大部分香氣，同時呈現茶與水的質地結構。如果想要較好的風味表現，建議選擇無鉛高溫燒結的玻璃材質為最佳；寶特瓶便利性高，但基於環保考量，還是建議能重複使用的玻璃材質。

7 · 馬克杯

　　馬克杯大多使用瓷土高溫燒製而成，杯壁厚、保溫效果佳，沖泡情境偏向個人使用為主，是在日常生活隨手可得的器具，大多搭配濾掛式咖啡、茶包皆可，是最便利的沖泡方式。但相對地，就無法要求呈現出細緻風味，好處是隨時都能輕鬆泡茶，簡單且日常。如果沒有茶包的情況下，可直接將茶葉投入馬克杯中再注入熱水，待茶葉在馬克杯裡充分舒展，品飲時用濾茶器或以嘴唇把茶葉、茶渣擋住即可。

· 泡茶器具及適用萃取方式

器具及容量	適用萃取方式
中國宜興壺 容量為 60 ～ 200 毫升之間	· 多次萃取 · 沖泡技巧要求較高
中國瓷器蓋杯 容量為 60 ～ 180 毫升之間	· 多段式的萃取
瓷器大茶壺 容量為 500 ～ 600 毫升之間	· 一次性的萃取
日本急須壺 容量為 250 ～ 400 毫升之間， 以 350 毫升居多	· 一次性的萃取
不鏽鋼茶桶 容量為 3000 ～ 6000 毫升之間	· 一次性的萃取 · 需特別注意溫度
玻璃瓶與寶特瓶 容量為 300 ～ 5000 毫升之間	· 冷萃，一次性萃取
馬克杯 容量大約 200 ～ 300 毫升之間	一次性的含葉泡法

ABOUT WATER ————

萃取前準備——水

　　泡茶之前先了解水質，「水為茶之母」這句話應該很常聽到，沖泡用水非常重要，水質不僅影響茶湯風味，甚至關係到一杯茶的成敗。先撇除礦物質不談，沖泡用水要乾淨有活性，不可存在任何雜味、灰塵味、生味或是含氯的化學味，乾淨的水質才能完整呈現出茶湯風味。

　　水是承載茶的容器，就像餐具是盛裝食物的容器，一旦容器沒有清洗乾淨，殘留的味道會直接汙染食物的味道，摻雜在一起而形成雜味，導致破壞掉整道料理。為了讓水完全乾淨，需經過層層過濾，去除雜質、雜味、過多的礦物質，並確保儲存水的環境不會被汙染。

　　台灣是海島型氣候，水資源豐富，尤其北部降雨量充足，各個地區的水質會依該地區的降雨量、地質、地形而有所不同；土地、森林就是最天然的濾芯，雨水降落在山林裡，流經了腐植層、泥沙、樹根、岩層，最後才流到河裡，水會承載流經區域中土地所含的礦物質與微量元素。

　　如果雨水落在樹林豐富的地區，該地區的水質會是軟水；若是岩石豐富的地區，則會釋出大量的礦物質，變成硬水。當該地區雨水豐富時，水在土地的停留時間變短，所吸附的礦物質就比較少，台灣東北邊宜蘭頭城與翡翠

水庫水域皆為軟水。而降雨量少的地區，水在土地岩石間的停留時間就變得更長了，例如：埔里山泉水，因為附著更多的礦物質而變成硬水。依照 TDS 將水分類，包含了純水、軟水、中硬水、硬水、高硬水。

·水質與 TDS 對應的品飲感受

水質與 TDS	品飲感受
純水（TDS 含量 0 ppm）	經過 RO 膜過濾，將水中礦物質、微生物、細菌都完全過濾，只留下純水。
軟水（TDS 含量 0～60 ppm）	水質相對軟甜滑順；台灣翡翠水庫的水即為軟水。
中硬水（TDS 含量 60～120 ppm）	入口後會感受稍微有結構、輕微的堅澀感；宜蘭的悅氏 TDS80 即為中硬水。
硬水（TDS 含量 120～160 ppm）	入口會感受明顯的堅澀感、結構較為明確；台灣大部分城市的 TDS 皆落在這個區間，埔里礦泉水 TDS 為 130。
高硬水（TDS 含量為 180 ppm 以上）	入口後有明顯厚重結構與堅澀感；台灣的自來水管線末端或使用地下水的區域皆為高硬水，大部分的國外礦泉水也都是高硬水。

接下來談談七個影響水質及味道的因素：

1·礦物質

想判斷什麼水適合泡茶，什麼水不適合，可以從不同觀點切入。首先以 TDS 來看，水中礦物質含量太高、太低都不適合泡茶，建議 TDS 落在 30ppm～150ppm 之間（美國使用 ppm 為單位），適當的礦物質能與茶多酚結合出亮麗又豐富的香氣。當水中礦物質含量低於 30ppm，整體結構會變得鬆散扁平，茶湯也會變得沒有個性，主幹結構不足，無法讓香氣在口中維持太久。

但有時候在辦公室…等工作場合只能取得 RO 水，濾芯正常運作情況下，RO 水的礦物質為 0ppm，水的結構不足，此時只要稍微增加 1～2 克的投茶量，萃取出更多風味及茶體結構，就能彌補水質結構的不足。當水中礦物質高於 150ppm，入口後的堅澀感會變得極為明顯、口感厚重；數值再更高時，甚至有點像吃石頭的口感。我個人不太喜歡用這麼厚重的水來泡茶，更希望能展現茶湯的純粹。如果你居住的地區只能得取硬水，建議加裝濾芯，只要使用恰當的濾芯組合，就能有效減少水中礦物質含量，即可改善沖泡用水。

2·石灰質（碳酸鈣）：

不建議使用石灰質含量過高的水來泡茶，石灰質經過加熱會產生水垢，在壺裡會留下一片片白色汙垢，就是水中含有石灰質的最好證明。石灰質過高的水，會呈現尖銳的澀感，舌面上好像有片岩般的刺激性。平時可以觀察家中任何熱水器具是否有大量水垢附著，因為石灰質過高，時間久了可能會讓器具壽

命減短。在台灣，中南部地區水質的石灰質含量較高，或許有些在歐洲住過的朋友會覺得台灣水質的石灰質含量很低了，歐洲的石灰質含量極高，水垢出現的情況更為嚴重。這時可安裝樹脂濾芯吸附石灰質，以增加水的軟甜感。

3 · 含氧量

含氧量過低的水，稱為「死水」，過度煮沸或煮太多次會將水中的氧氣全部煮沸掉，此時水的活性降低，變得死沉。我唸書時期的學校裡有大型熱水鍋爐，水在鍋爐中煮沸後，長時間存放在鍋爐內反覆加熱，這會讓水失去活性，不適合拿來泡茶。要泡茶用的水，建議先裝冷水後再加熱到指定溫度為佳。

4 · 含氯量

含氯的水不適合泡茶，台灣大部分的自來水皆含有氯（有機化合物），尤其是沒有安裝水塔或下大雨後的自來水，氯含量極高，水中就會出現明顯的氯臭味，很多游泳池也會使用氯。在水中加氯是為了抑制生菌孳生，此狀況使用活性碳過濾就能將水中的氯去除。除了氯之外，可能還有化學藥劑殘留，都能使用活性碳去除，同時吸附水中的任何異味。

至於山泉水，以現在的環境來說，已經不一定這麼純淨，除非能確保儲水地點的上游、山上沒有被汙染，或沒有種植任何農作物，一旦有使用任何化學肥料、農藥，這些物質都可能殘留在水中。千萬要記得，如果家中長輩有自己上山盛裝山泉水的習慣，建議用 BRITA 濾水壺做簡易過濾，至少可以確保去除水中所有的化學藥劑。

5・生菌數

　　水中生菌數含量過高時，不適合泡茶。先前有提到，建議用含氧量較高的水，但如果水在開放環境中閒置太久，空氣中的微生物會慢慢進入水中，並開始孳生出更多微生物，此時水會逐漸變黏稠狀，甚至出現漂浮物還有醋酸味。雖然煮沸後能殺死水中的微生物，但經過發酵的水仍會產生酸味、青苔味，尤其做冷萃茶時要注意，一旦使用微生物過高的水，會讓茶湯整個酸掉。如果菌種是好的，也可能意外變成康普茶，但那是非常少見的例子。

6・雜質

　　分享了這麼多水質相關的因素，最後回到基本要求，拿來泡茶的水一定要過濾雜質或充分沉澱，水中有雜質是絕對不能被允許的，好比煮蛤蜊前沒有先泡水吐沙，湯裡就會充滿沙子而無法入口。

　　只要使用正確的濾水設備，一定可以濾出適合泡茶的水質。在這個世代，很多年輕人會看長輩堅持去山上取用山泉水回家泡茶，這確實是對茶的尊重，但並不是每個人都有時間成本去取得好品質的山泉水，因此，只要能理解濾芯濾材的用途，透過綜合運用也能過濾出如同山泉水般軟甜又乾淨的水質。選擇市售濾芯時，有幾個基本重點：

PP 棉：阻擋水中所有雜質、灰塵與泥沙。
活性碳：吸附水中的有機化合物、化學藥劑，去除水中雜味。
樹脂：吸附水中的鎂離子、鈣離子，讓水變得軟甜、滑順。

　　以上三樣是最基本的濾芯設備，若想要再更進階，可詢問是否有礦泉水膜，它能去除大部分較粗粒子的礦物質，留下顆粒小的礦物質，有效提升茶湯風味。當然市面上還有更多不同用途的過濾設備，在這裡就不逐一講解。最後提醒大家，所有濾芯濾材都是有使用壽命的，記得定期更換；因為依照濾芯大小的不同，可過濾的量也不同，一旦吸附的量達到上限，濾芯就失去過濾效果，若又未定期更換的話，可能大量孳生細菌而讓水質變得更糟糕。

ABOUT TEACUPS & GOBLET ────

萃取前準備——品飲器具

　　不只需要沖泡器具，品飲器具對於風味感受也一樣重要，從葡萄酒杯悠久的歷史與發展就能發覺，所有器型、溫度、材質都對風味都有極大影響。很多時候可能只是選錯杯子，就讓茶湯有完全不同表現，而且不只細微影響而已，原本價值五千元的茶，卻因為挑錯品飲器具，以致於只剩下五百元的口感，甚至會把飲品的缺點全部放大。

　　這裡先從器具材質開始介紹，再到器具形狀影響就口面積、流經口腔的速度與範圍，還有飲品在口腔的落點。材質器具主要分成三個類型：

· 玻璃、瓷土、陶土的燒結溫度和毛細孔比較

材質	燒結溫度	毛細孔大小
玻璃	燒結溫度極高，達 1500℃，具可塑型。	不論玻璃是否含鉛增加重量，幾乎只有極細微的毛細孔。
瓷土	燒結溫度較高，大約 1200 ～ 1450℃。	毛細孔及顆粒極細，密度也較細。
陶土	燒結溫度低，大約 900 ～ 1200℃。	毛細孔及顆粒較粗。

器具毛細孔大小決定了茶湯香氣的還原度

為什麼要提到器具的毛細孔？一旦杯身有毛細孔就會吸附香氣。以玻璃來說，毛細孔最細，茶款香氣的還原度也最高；相對地，瓷土與陶土的毛細孔較為粗糙，這些細微的毛細孔雖然有保溫效果，但也會吸附掉茶湯內的香氣，導致茶的香氣降低。水、咖啡、酒類、湯…等任何飲品都會被器具毛細孔影響，然而茶的香氣最細緻，更容易被影響。

單就器具毛細孔來討論，我更偏向使用玻璃或瓷器來表現茶香。尤其是品飲品質很好的茶款時，從土地到所有製作環節都被極致呵護過，這樣有如藝術品的好茶，當然會希望呈現出最真實的茶湯樣貌。我以前認為瓷土或陶土一旦上了釉就能完全包覆杯身的毛細孔，但後來接觸到官窯後完全改觀！因為瓷土還是有毛細孔大小的差異，就像上了亮光釉，還是得看瓷土的品質來決定釉藥與瓷土的貼合程度，貼合程度越好，毛細孔也越小，更能真實還原茶湯所有的香氣。加上這兩年，接觸到 Höchster 赫斯特和 Meissen 麥森，都是德國官窯所燒製出來的器具，品飲後的我靜默了 10 秒，心想：「原來茶的味道可以這麼完整！」完全刷新了我對熱茶品飲的想像。如果你對於品飲器具很講究或很有興趣，不妨實際使用看看，是從香氣、質地、圓潤度都可以完整展現的理想器具。

器具厚薄、杯型會影響哪些品飲感受？

討論器具厚薄之前，必須先理解溫度對於茶湯風味表現的影響。當茶湯高溫時，能藉由溫度將香氣帶到鼻腔，高揮發性的香氣也因此變得更張揚亮麗；沉穩木質調的風味，反而在感受上會變得較微弱。常溫茶湯的溫度影響較小，杯子對於茶湯的反應最清楚，木質調與各種澀感更加清晰。除了香氣，茶湯質地同時隨著溫度變化。

茶葉是含有單寧的飲品，高溫品飲時，香氣會變得奔放；相對地，單寧與木質調性也會變得更清楚。使用熱水萃取的茶款，建議用小杯來品飲，杯子容量介於 30 ～ 50 毫升之間即可，如果容量再更大，茶湯澀感就會變得更明顯。而低溫品飲時，香氣不被溫度帶動，茶湯更接近原始風貌，香氣較內斂，不那麼張揚，建議使用高腳杯將內斂的香氣展開，藉由不同杯型來表現香氣特色，同時烘焙、熟成的香氣會變得明顯。使用正確杯型品飲冷萃茶時，更能完全感受茶湯的一切，用高腳杯來品飲會是很好的選擇。

當杯子設計得越厚，保溫效果越佳，像是陶土、厚胎瓷器和雙層保溫玻璃，這些器具設計是為了維持溫度，確保茶湯溫度不會降溫太快，以展現亮麗又奔放的香氣。沖泡過程中，如果先溫杯，確保茶湯萃取時的溫度與品飲溫度不會有太大落差。

厚胎器具在就口時，舌頭會自動往後縮，此時茶湯會落在舌面，優先感受茶體與質地，酸甜與香氣的感受則略微薄弱。薄胎的瓷器與玻璃都是胎壁

較薄、保溫效果差，容易受到外在溫度影響，特別是冷萃茶，品飲前先確保冷萃溫度不會被器具帶走太多，或是使用前先充分冰杯，才能讓品飲在設定溫度下有最好的表現。

　　薄胎的杯型非常講究，有束口杯、展口杯，杯子的形狀會直接影響到接觸口腔的面積與範圍。若萃取重視香氣類型的茶款，可使用束口杯，將香氣集中在杯口，但入口速度較快，最先接觸到的是舌尖，因此甜度表現較高。而展口杯型會使茶湯先接觸到舌側兩頰，可清楚感受到茶的質地，舌側則會先出現酸感，適合品飲風味表現偏熟成的茶款，酸甜的感受更為均衡。

德國赫斯特 Soft-swing 杯口微微外翻，就口時更服貼。

中國景德鎮的雞心杯，品飲時的風味表現平衡。

Hering Berlin 絲綢系列，外表不上釉，卻能做出如同絲綢般細緻的質地，適合品飲紅水烏龍。

赫斯特晨之美杯子內緣的設計如同葉脈紋路，增加茶湯沾黏面積，能放大杯底香氣。

高腳杯的品飲樂趣

除了以上提到的杯型，市面上還有不同形狀的高腳杯，這些杯子形狀、高度設計都有其意義，也適合拿來品飲茶款。高腳杯的挑選通常依據酒類與酒款、呈現香氣來對應，若做簡單分類：白葡萄酒有輕盈細緻的果酸、紅葡萄酒蘊含沉穩飽滿的酒體、香檳與氣泡酒繽紛的氣泡帶動酒款香氣。細瘦的杯型能看見氣泡躍動的愉悅感，同時集中果酸與甜度；而調酒、雞尾酒杯則有寬廣的杯口，方便做裝飾。

　　再講到更細微的杯型變化，
RIEDEL 是全世界第一個以葡萄品
種特色來設計杯型的酒杯品牌。
會這麼重視杯型設計，是因為每
位釀酒師都希望自己用心創作的
作品能呈現出最好的一面，並且
回到風味和消費者溝通。茶也是
一樣，只要每個工序細節都處理
完整，同樣也能依循葡萄酒的模
式，將茶款風味類型先分類，進
而挑選最適合品飲的高腳杯。

　　無論冷萃茶或熱萃茶都能使用高腳杯來呈現，但要特別注意，高腳杯的杯肚寬大，會將所有密集的香氣展開而變得更清晰，到了杯口慢慢集中、束口，讓所有香氣凝縮到杯口位置。正確選擇杯型能把香氣極大化，但優缺點也同時被放大，若有發酵不足或發酵過頭的香氣就會很明顯，甚至質地感受變得更加清楚，所以挑選高腳杯品飲要更為謹慎。

杯肚大小對於品飲感受的影響

　　杯肚大小就是杯子的胖瘦，直接影響到液體流進口腔的速度；杯肚大小也與香氣有著緊密關係，當杯子平放時，杯肚越大，就能將香氣分子拉廣拉散。舉起杯子嗅聞，讓杯子傾斜 45 度，液體入口面積變大，此時香氣呈現會更亮、更明顯。杯肚大的杯子會使飲品進入口腔時的流速變慢，香氣表現也變得更廣闊，反之，如果是杯肚較細的杯型，飲品進入口腔的流速則會加快。

　　以上分享最基礎的選杯概念，鼓勵大家嘗試不同杯型、溫度對風味的影響，只要先建立良好的品飲邏輯，日後嘗試不同杯型時就能多比較，慢慢選擇正確的杯型來呈現茶湯風味。其實到現在，我有時也會誤判而選錯杯型，但杯型錯誤沒關係，只要立即更正改善就能避免發生悲劇。

杯肚較細，香氣較
為集中，且飲品入
口後的流速變快。

杯肚越大，香氣能被拉廣拉散，同時使飲品入口後的流速變慢。

杯型足以讓品飲感受大不同

　　以前學咖啡時，很瘋德國麥森杯 Meissen，當時印象非常深刻，麥森杯能將單品咖啡更多細膩的香氣層次展現出來，後來累積越來越多看瓷器的經驗，更覺得德國的燒結工藝非常高超。在「冉冉茶事」開幕後這段時間，我不斷鑽研不同的杯型對於香氣、入口速度的影響，一直到好友 Evan 介紹德國赫斯特瓷器 Höchster Porzellan-Manufaktur，和我講解品牌故事、上釉技巧、養土技術…等，真正使用它品飲後，完全讓我驚艷！

　　赫斯特瓷器與麥森相同，是歐洲三大古瓷之一，建廠到現在近 300 年的歷史，擁有自己獨家的瓷土配方。其中最讓我敬佩的養土槽，從搬入現已 120 多年的歷史老廠到現在為止，從沒有停止運作，有點像老滷汁、老麵的概念。若更精準地比喻像是威士忌烈酒廠中的索雷拉陳釀系統，把不同年份的酒桶串連起來，越下面越老，從上面添入新釀的酒、從最底下盛裝混合之後的陳釀酒。陳年後的瓷土毛細孔會變得極小、密度極高，燒結溫度能達到 1451℃不會龜裂，再以獨家的退火工藝使瓷器的剛性硬度變得更高，輕薄透亮，遠超過我以往對於瓷器的認知。

　　除了土胎良好，Soft-swing 系列完全針對人的使用習慣來設計，以全手工的方式製作，杯緣刻意稍微外翻，讓口腔接觸的面積更為服貼，手握著杯緣的兩側，可精準感受茶湯溫度，杯子底部則為原型、沒有上釉，讓人拿在手中能感受茶湯的溫潤。平時喝茶、咖啡，或是溫熱過的清酒，Soft-swing 系列都是我的首選，有興趣了解精妙之處的同好們，私心推薦入手體驗看看。

TEA COLUMN

ABOUT POURING KETTLE ────

萃取前準備──煮水／注水器具

　　煮水／注水器具包含了材質、容量大小的不同，器具材質會改變水質並影響保溫效果，而容量大小不只影響保溫性，還會影響出湯的穩定度。一般插電就能用的電煮壺材質大多是不鏽鋼，有些含磁性的金屬可用電磁爐或 IH 爐煮水；而鑄鐵壺、銀壺、陶土、玻璃材質的器具，大部分皆可使用直火加熱。

　　更細究的話，火源也會影響到水質，明火的瓦斯爐、炭火、柴火或電熱線圈型…等火源都對水質影響甚大，火源的穿透性與均勻度都會影響水分子加熱時的變化，但物理變化太過複雜，這裡以「水的味道」來說明比較好懂。依我個人喜歡的程度來排列：柴火與炭火燒出來的水最甜，接下來是瓦斯爐、直火中規中矩，以加熱電源煮出來的水就比較沒個性，喝起來的感覺會像是長時間舒肥（低溫烹調）的食物，比較沒層次，但也最接近水的原貌。

　　有一群朋友堅持使用日本鐵壺老件來煮水，鑄鐵壺會釋放一定程度的鐵離子與微量元素，讓水的甜度與厚度提高，不只是水質，也影響加熱速度與保溫效果。雖然煮水器具的材質與火源對水質有一定程度的影響，但我更希望大家著重於「水流操控」與「溫度變化」，相較起來，這兩者對茶湯的影響更大。

水流操控對於萃取的影響

「水流操控」好比食物的烹調過程，什麼時間點該翻面、什麼時間點要靜置，或者依照情況快速翻炒，學習運用各種注水方式做到翻動或浸潤。而水流操控與壺嘴設計有關，例如：水流進茶壺的過程是集中或分散、是否帶入更多空氣，這些很細微的因素都會影響茶湯風味，這也是為何市面上會販售這麼多種咖啡手沖壺的原因。

由於單品咖啡的興起，手沖咖啡對於水流的要求更為講究。咖啡需研磨成粉、顆粒較細碎，水流差異更直接反應在風味上。至於茶葉，雖然外觀較大，大多是條索狀或球狀，但對於水流的反應也很直接，如果注水時過度使茶葉翻動，會加快茶葉釋放的速度；若注水在同一個點上，該區域的茶葉就容易過度萃取。因此需要多加熟悉水流的操作，以達到均勻萃取，掌握訣竅後還能變化出更豐富的茶湯風味。

除了水流，壺嘴設計還會影響溫度，細長的壺嘴容易讓溫度下降過快，如果使用咖啡手沖壺來沖煮，可預先提高煮水溫度，確保煮水溫度與設定的沖泡溫度一致，才能精準校正風味。記得以前輔導店家時，有次忘記特別叮嚀萃取溫度，他們使用溫控型的咖啡細口壺，而造成實際沖泡溫度與建議萃取溫度不同，落差大約5℃，以致於茶葉經常泡不開。不同壺嘴會產生的溫度變化，以下做個簡單介紹：

不鏽鋼水壺

　　大多數人家中最常見的是不鏽鋼水壺，容量大約落在 3 ～ 5 公升，保溫效果極好，但相對操作不易，壺身較笨重，得兩手操作才行。控制不好時，容易讓水大量噴出，滾燙熱水濺灑出來事小，恐怕還會有燙傷的疑慮，不建議直接拿來沖茶。個人推薦柳宗理的煮水壺，容量只有 2500 毫升，方便單手操作，但壺口較短；如果手不穩會抖的話，則不建議使用。

陶壺

　　陶土燒製的煮水壺，容量大約 800 ～ 1500毫升之間，保溫性佳，可單手操作，壺嘴設計較短，但使用技術層面較高。

鑄鐵壺

　　鑄鐵壺的容量大約落在 600 ～ 1200 毫升之間，但因為材質本身重，容量再大就很難單手操作。它的保溫性極佳、壺嘴較短，需要較高的技術才好控制。

鶴嘴壺

　　我自己最喜歡粗口的鶴嘴壺，在壺身有一定的儲水功能，可讓水流出時更加穩定，容量大約 800 ～ 1500 毫升之間。單手操作很方便，壺身較薄、降溫速度快，但需更精準地控制溫度，因此難度也是最高的。

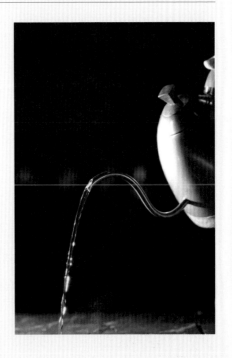

細口壺

　　細口壺大部分是為了初學者而設計的手沖壺，出水的水柱極細，容量落在 500 ～ 1000 毫升之間。單手就很好控制，容量小、壺嘴細、降溫速度快，只要將溫度掌控好即可，非常適合入門者使用。

萃取基礎邏輯
Tasting Notes

HOW TO BREW TEA ———

萃取的基本原則

前一章說明了「萃取前的準備」，接下來開始教大家如何泡茶。茶葉的沖泡可以極度理性，也能非常感性，需依照萃取需求來調整沖泡參數，以符合當下情境。在感性之前，先理性地找出最佳沖泡參數，再用感性的手法堆疊，使茶湯變得更完整細緻、有生命力，讓茶的沖泡萃取更貼近生活。

為了使茶湯萃取結果更符合品飲需求或期待，先引導大家一步步認識數據設定、基礎沖泡結構，再透過大量練習、累積經驗，建立起自己的品飲標準。打好基礎之後，便可開始微調、更改參數，調整成喜愛的風味再加入更多情感連結，將茶湯細節補滿。通常，需要透過不斷地練習萃取，才能比較不同沖泡參數以及茶葉外觀與種類的差異性；我將累積十幾年的沖泡經驗數據化並推薦給大家，這些參數並不是絕對值，但能夠幫助你更快找到正確的標準。沖泡時可調整的變因包含：

調整變因 1：設定濃度

調整變因 2：萃取濃度

調整變因 3：萃取範圍、時間

調整變因 4：分次多段萃取

茶葉的各部位是茶湯味道的總和

理解萃取參數前，先了解「萃取基本原則」。一片茶葉分有許多部位，從內而外區分，不同部位有自己的風味特色。最外層是包覆整個茶葉的蠟質層與果膠質，有著如同精油般的香氣以及黏稠質地；中間葉肉儲存了大部分的酚類，也就是茶味與甜味的來源。而葉肉除了茶味，還有更多花果香氣，像果肉般軟綿多汁的質地；葉子的中心點是葉梗與葉脈，再連接到較粗的枝梗，不僅是支撐茶葉的骨幹，同時也是支撐「茶湯結構」的骨幹。但大部分的製茶工序會忽略掉此段的咖啡因與刺激性，如果工序上有瑕疵，可能就會釋放出咖啡因與生物鹼，而造成飲用後感到身體不適。若製茶工序處理得宜，會感受到植物纖維感，像草根、木質調性；若質地表現的單寧高，則有明顯的粗澀口感。茶葉的各個部位就好像水果，若用葡萄來比喻，外層果膠質與蠟質層就像葡萄皮，口感脆甜又具有香氣；葉肉就像葡萄果肉的多汁、酸甜綿密，至於葉梗葉脈就是葡萄籽了，有著明顯的植物澀感與苦味。

茶葉最外層：包覆整個茶葉的蠟質層與果膠質，有著精油般的香氣，質地黏稠。

葉肉：儲存了大部分酚類，是茶味與甜味的來源，帶有花果香氣，質地軟綿多汁。

葉梗、葉脈、枝梗：是支撐茶葉的骨幹，同時也是支撐「茶湯結構」的骨幹。

先認識茶葉部位，再設定萃取需求

　　請大家回憶一下吃葡萄時的情境，依照順序先咬到葡萄皮，再感受果肉多汁甜美的口感，最後咬到葡萄籽時，苦味與澀味在口腔的表現格外明顯。吃葡萄的順序是由外層果皮到內部果肉，泡茶萃取時的概念也相同，先由最外層的果膠質開始釋放，慢慢到葉肉，最後是葉梗、葉脈，隨著調整萃取時間，便可決定要萃取到哪個部位。

　　再回到水果的比喻，我喜歡吃葡萄皮，因為它的香氣豐富，果肉與果皮間有黏稠滑順的部位，咀嚼時伴隨著大部分的果肉與果皮，越嚼越香。有些朋友會堅持先把皮跟籽去掉，只喜歡多汁甜美的果肉，只要稍微費點功夫，就能夠調整成自己的口味喜好。把這個概念套用到萃取上，依自己喜愛的範圍與部位來提取想要的茶湯，比方喜歡香氣多一點，只取表皮、葉肉的部位就好；喜歡厚重飽滿的茶體結構，便可拉長時間或提高溫度來萃取更多葉梗葉脈部位。

　　但千萬記得，無論吃水果或萃取茶湯的順序都是「由外而內」，水果與茶葉的相同之處在於這兩者都會依照當地氣候而變化，通常在較寒冷的氣候下生長，酸度會變高、果肉清脆；在較炎熱的天氣下，水果與茶葉的成熟度都會提高，此時的風味甜度飽滿、果肉軟綿，同時因為日照，果肉可能出現更多的單寧感。水果與茶葉都是依序生長，越早長出來的一定越熟，成長時間較短的就比較嫩，其風味變化也會隨著時間而改變。若想更了解水果與茶樹如何隨著時間變化，可參閱我的第二本著作《茶風味學》，有更詳細的說明。

看茶泡茶，呈現剛剛好的味道

　　針對不同風土特性的茶款調整沖泡參數，才能展現出最好的風味。若用料理的概念來比喻，任何食材都有最適合的烹調熟度，依照食材的油脂、水分含量，制定最適合的烹調火候與時間。當烹調時間過短與火候不足，可能造成食物沒熟，有太多生味或是香氣味道不足；反之，烹調時間過長或火候太大，食物會乾澀或焦掉，則不宜入口。同樣的邏輯套用「茶」來說明：浸泡時間過短或溫度太低，茶葉無法充分舒展，風味溶出太少、濃度太淡，會有明顯的水味；浸泡時間太長或溫度過高，造成茶湯過濃、苦澀味極高。無論是烹調食物或萃取食物，剛剛好是最好的。在適當濃度下微調參數可做出更多變化，之後的章節會一一介紹最適當的萃取濃度與方式，以下先列出三個不同萃取情境的風味結構幫助大家了解。

　　使用基本參數能萃取出均衡、適當的茶湯，不建議大家過度萃取，因為茶葉最外層的果膠質與葉肉香甜充分地釋放後，就只剩下植物本身的纖維質了。當然，繼續浸泡還是會有茶色，但此時已經沒有任何營養價值，只剩植物的纖維感。在這個情況下不建議大家再繼續沖泡，會開始釋放葉梗或葉脈內過多的咖啡因，反而對身體產生負擔。如果也用食物來比喻，就好像把肉煮到乾柴變澀，完全沒有肉汁、水分與營養價值了。因此，無論萃取或烹調都是適當就好。

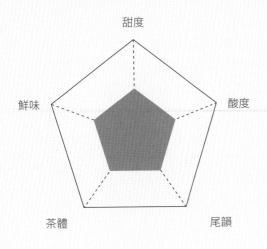

萃取不足：浸泡時間過短、溫度過低，以致於風味萃取太少，無論茶湯顏色淡、香氣低、味覺感受、結構都偏低。

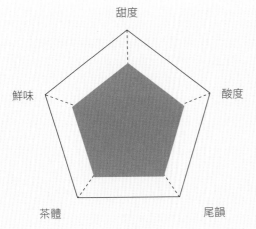

萃取適中：萃取參數在標準範圍內，依照各個茶款而有不同結構，顏色適中、香氣適中、味覺感受適中，適當萃取能感受茶款的細緻風味。

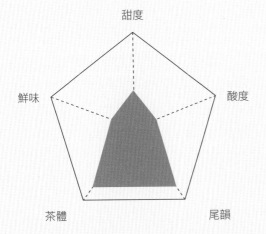

萃取過度：萃取時間過長、溫度過高使得茶湯過濃，整體風味結構變得強烈。茶體重量、香氣密度過高時，將難以判斷風味的細緻層次，厚重單寧更提高了粗澀感，會覆蓋住茶款的細緻酸甜。

STANDARD ————

為什麼需要標準濃度？

「標準濃度」是所有萃取參數的起始點，取得任何一款茶之後，建議先以標準濃度來萃取，摸索這款茶的所有可能性，再依照口味喜好調整沖泡參數。「標準濃度」指的是，以此濃度沖泡茶葉的茶湯有七成以上的人能接受，茶湯濃淡適中，同時又可把香氣與風味充分表現出來，而標準濃度也就是所謂的「國際標準評鑑萃取的濃度」。

評鑑萃取是將所有的沖泡參數標準化，包含置茶量、水溫、水質、器具材質，把這些標準都固定下來時，會改變的就只有茶葉本身。評鑑沖泡規格為 150 毫升的容器與 3 克置茶量，濃度設定為 1：50，再依照茶葉外觀來調整沖泡時間，如此就能清楚比對茶湯風味的差異性。

國際標準評鑑杯的容量大小為 150 毫升，能使 3 克茶葉充分舒展開來，並配置一個評鑑杯與評鑑碗，材質是高燒節溫度的白瓷，它極低又細小的毛細孔能還原茶款所有的香氣與滋味，同時白色能清楚展現茶湯顏色。一般評鑑泡為長時間高溫萃取，能帶出茶款的優缺點，基礎評鑑標準為一次性萃取。

· 從茶乾外觀判斷浸泡時間（國際標準評鑑萃取濃度）

茶乾外觀	浸泡時間
球形烏龍茶 （台灣高山茶、凍頂烏龍、鐵觀音）	6 分鐘
條索形茶葉茶 （文山包種、日月潭紅茶、台灣小葉種紅茶、東方美人茶）	5 分鐘
嫩芽形與針狀茶款 （白毫銀針、大吉嶺頂級莊園紅茶、宇治玉露與煎茶、焙茶）	4 分鐘
細碎形茶款 （阿薩姆 CTC 紅茶、斯里蘭卡 FOP 型較細碎的茶末）	3 分鐘

評鑑沖泡時是以 98 ～ 100℃ 高溫萃取，浸泡時間到了之後，再出湯至白瓷茶碗，我們會利用白瓷茶碗觀看茶湯顏色的清澈度、均勻度以及茶渣含量，再依照品評風味回推製茶工序是否有瑕疵。

台灣與世界上幾個重要的茶產區，例如：印度大吉嶺、日本都是以評鑑杯來做基礎評鑑萃取。使用同樣條件及材質進行標準化評鑑，不只運用在茶，精品咖啡、葡萄酒、清酒也都有相同的評測概念。

PROPORTION OF TEA AND WATER ──────

調整變因 1：設定濃度

使用標準萃取的參數來沖泡，只能符合部分茶葉的萃取需求，針對更多不同類型的茶款，可透過更改萃取參數來尋找最佳沖泡公式。首先，只調整第一個變因「萃取濃度」，其他參數不變，水量、溫度與時間都保持一致。只更改置茶量，爾後再更動第二或第三個變因。

如果你是品飲初學者，建議以 10 為單位增減調整，假設原本的沖泡參數為 1：50，則調整成 1：40 或 1：60。若對於風味品評已有一定的經驗、能感受到細緻風味差異的人，則建議以 5 為單位來調整，原本 1：50 的沖泡參數改為 1：45 或 1：55。透過微調置茶量，再進行品評交叉比對，就能找出最適當的茶湯濃度，以下提供兩個沖泡情境做參考：

情境 1：以標準濃度萃取的茶湯偏淡

　　茶湯偏淡代表茶體結構不足，可能茶葉品質較差、質量低，或是發酵不足、成熟度不夠。此時可增加置茶量，每次以 10 為單位調整，1：50 提高至 1：40；器具使用 150 毫升的話，投茶量從 3 克提高至 3.75 克，實際情況則依器具容量調整比例。

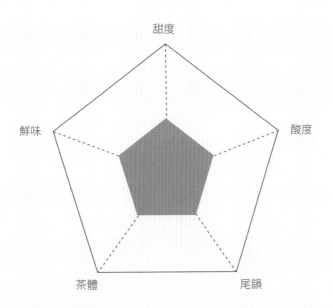

情境 2：以標準濃度萃取的茶湯過濃

　　茶湯味道過重、苦澀感明顯，可能是茶葉質量極高、嫩葉比重含量高，使得風味過於飽滿，此時將濃度略為降低即可，原本 1：50 降低至 1：60；使用器具 150 毫升的話，投茶量從 3 克提高至 2.5 克，實際情況則依器具容量調整比例。

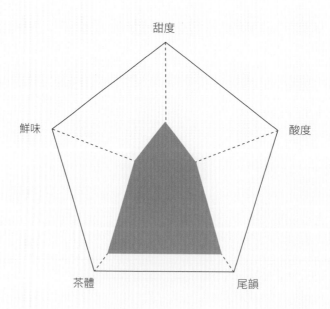

　　想微調濃度，通常無法一次完成，如果是陌生的茶款，可能需要嘗試到三種不同濃度才會找出最佳風味。建議一次使用三個評鑑杯，分別設定不同濃度的樣本，再同時交叉比對濃度差異。特別提醒，當濃度提高時，茶體（Body）與澀感都會同時提高，此時品評要以茶體為基礎標準，得先忽略單寧感帶來的厚重結構，仔細判斷茶湯內甜度與香氣的厚度，以及高溫萃取所造成的厚重單寧，日後再調整溫度做修飾。調整濃淡的概念都是相同的，皆以茶體為最重要的判斷依據。

　　若要更精準地掌握濃度，得透過不斷品飲練習，待熟練後便可自行變化運用，依照情境與萃取需求的不同，適時調整萃取濃度來符合當下環境，以下列出幾個調整茶湯濃度的常見情境：

1・純飲

　　場景是安靜的室內環境，兩人對坐專心感受茶湯，此時茶湯可以表現得淡雅細緻，噪音少的環境更能讓人專心品飲茶湯風味。

2．純茶

　　場景是室內或半室內，一群朋友坐著聊天，此時可以將茶湯濃度稍微增加，使風味變得更直接，幫助聊天中的人們感受到茶湯強烈的風味。

3．茶佐餐

　　場景是餐廳，Tea Pairing 需依照料理的種類來調整茶湯濃度，日式、義式、法式或台菜風味的呈現與強烈度各有不同之處，因此變化也得更靈活，根據料理需求調整最適當的茶湯濃度與品飲溫度。通常濃度會比純飲再重一些，才能與油脂、醬汁相互抗衡，創造出更豐富的香氣層次。

4．茶湯入菜

　　將茶湯加入湯汁或醬汁中，或與食材一起烹調，此時建議設定兩倍以上的濃度，把茶泡得極濃，並在最適當的時間點加入烹調過程中。在此提醒，無論茶湯或茶葉入菜，都不適合久煮，一旦烹調時間拉長、溫度過高的話，會使茶的香氣蕩然無存。

5．濃縮茶湯加冰塊

　　若要確實達到冷卻效果，又維持茶湯濃度不被稀釋，需以加總後的茶湯量來計算沖泡濃度，茶水、冰塊各半，例如：300 毫升的冰鎮茶湯，最終濃度設定為 1：50，只要將 150g 冰塊與 150 毫升 的茶湯充分混合即可。

　　現今的茶葉沖泡需求已有更多的可能性，並非只是單單純飲而已，只要能清楚了解需求進而調整濃度，無論想呈現淡雅清香或濃郁而不過萃都能達成，如此便能把萃取茶運用在各個飲食層面上。

需避免過度萃取的原因

「過度萃取」是指當茶葉內部醣類與酚類物質全部釋放完畢時，只剩下植物本身的纖維質，當纖維質過度溶出，會造成茶湯粗澀，加上茶梗深層的咖啡因釋放出來而造成苦澀，兩種澀感堆疊會更加乘茶湯的粗澀感。若只有稍微局部過萃，整體茶湯還在可接受的範圍，然而如果大面積的過萃，就會讓茶湯變得無法入口。如同烹調食物的概念一樣，只有局部輕微焦掉的話，還可以接受輕微苦澀感，但如果是大面積焦掉，整個食物就必須捨棄掉了。

繼續以食物舉例，食材接觸熱源的面積因大小形狀而異，比如絞肉與火源接觸面積大，幾乎同時受熱，故使用大火時需不斷翻炒以免焦掉。若是整塊肉排，則是以溫火慢煎，使熱度慢慢滲透到肉質中心，待表皮著色後離火休息，再淋上熱油，使肉排能確實均勻受熱。

回到「茶」本身，茶葉有不同外觀，包含球型、條索型、嫩芽型或細碎型，不同茶葉接觸水的面積也不同，所以要調整溫度、浸泡時間、注水方式，以避免過萃。大方向是先從「不過萃」開始，反覆練習沖泡技巧，再進階要求茶湯細緻度達到最好狀態。

WATER TEMPERTURE ———

調整變因 2：萃取溫度

　　濃度設定完成了，接下來是溫度，溫度與時間又息息相關，先來了解兩者之間對應的變化。

熱沖高溫時

　　高溫萃取為 90 ～ 100℃，萃取的速率最高，能快速溶出所有芳香物質，因此高溫萃取時，除了萃取速率高，茶湯溫度相對也較高，這樣才能完全看清楚茶葉的本質，所有缺點與優點在高溫時全都一覽無遺。

　　高溫萃取就像料理時的大火快炒，在短時間內以高溫火候將所有食材的香氣全部展現出來，一旦時間沒有拿捏精準，食材與料理容易乾澀或焦掉；同樣的概念，茶葉在高溫萃取過程中，浸泡時間一旦超過 5 秒或 10 秒，會讓茶葉過萃而產生極高的粗澀感或乾澀感。高溫萃取時，除了萃取速率高，茶湯溫度也相對較高，能使品飲維持在高溫狀態，高溫使得茶湯香氣亮麗奔放，同時幫助經過揉捻或烘焙的茶款在短時間內充分舒展。

　　適合高溫熱沖的茶款：凍頂烏龍、紅烏龍、台灣高山烏龍。

熱沖中低溫時

　　並不是所有茶款都適合高溫，本身單寧高或香氣細膩的茶款則建議降溫萃取，把溫度降低至 75 ～ 90℃，溶出速率相對變慢，便能有效降低單寧與植物纖維感的釋放，突顯果膠質與葉肉的香甜感。但速率降低了，浸泡時間就得拉長，時間需隨著降溫而增加，這樣才能萃取出同樣密度、厚度的茶湯。出杯後的品飲溫度也隨之降低，香氣表現變得內斂、細緻，與高溫沖泡展現出完全不同的個性，能更清楚感受製茶過程或風土環境當中的細節。

　　適合熱沖中低溫的茶款：東方美人茶、日月潭紅茶、大吉嶺頂級莊園茶款；而日本煎茶與玉露需降低至 65 ～ 75℃再進行沖泡。

一般從茶乾外觀大概能判斷萃取溫度與時間，以 150 毫升的器具為例：

· 從茶乾外觀判斷萃取溫度與時間

茶乾外觀	建議溫度及時間
針狀、細碎型 （日本煎茶或玉露）	建議溫度 65 ～ 70℃，浸泡時間 4 分鐘
嫩芽型 （大吉嶺莊園紅茶、東方美人）	建議溫度 75 ～ 90℃，浸泡時間 4 ～ 5 分鐘
球型烏龍茶 （輕烘焙與重烘焙）	輕烘焙茶款：建議溫度 92 ～ 95℃，浸泡時間 6 分鐘 重烘焙茶款：建議溫度 95 ～ 100℃，浸泡時間 6 分鐘

· 從茶乾顏色判斷萃取溫度

茶乾顏色	建議溫度及時間
接近原始狀態顏色的茶乾 （綠茶、白毫、嫩芽）	建議溫度 70 ～ 85℃，浸泡時間 4 分鐘
偏紅的茶乾 （大部分的紅茶）	建議溫度 85 ～ 90℃，浸泡時間 4 ～ 5 分鐘
偏黑、褐色的茶乾 （球型烏龍茶）	經過烘焙的烏龍茶建議溫度 95 ～ 100℃，尤其球型烏龍茶是長時間揉捻而成，溫度低於 88℃ 的話，茶葉無法充分舒展開來

　　請留意以上的建議溫度並不是絕對，可依照個人的濃度、口味喜好來調整時間。調整萃取參數時，以溫度為主、時間為輔，透過經常練習與嘗試，久而久之就能找到最適當的沖泡參數。

特別提醒大家，萃取時需特別注意溫度，也就是「煮水壺離開熱源的那一刻起」，溫度就隨著時間慢慢降低。水待在煮水壺裡的時間長短、注水時水流的粗細、浸泡等待的時間…等，都可能使煮水溫度與實際浸泡溫度相差 5～10℃。尤其熱萃對於溫度相對敏感，一旦溫差超過 3℃以上時，風味就有明顯落差。

若轉換使用器具的話，比方把水從煮水壺再倒到手沖壺，溫度則會落差更大，可以將煮水溫度先預煮提高 5～10℃。若無法再提高溫度，則可拉長浸泡時間來達成同樣萃取的風味；反之，如果茶款本身適合的萃取溫度就低，或礙於某些情況需要刻意降溫，便可利用轉換器具來達到降溫效果。

SOAKING TIME ─────

調整變因 3：萃取範圍、時間

　　溫度對應萃取速率，而浸泡時間直接關係到「萃取範圍」。本章一開始有提到茶葉的各個部位就像水果一樣由外而內，依據浸泡時間決定要泡到哪個部位；短時間浸泡能取得最外層的果膠質、滑順與清亮的香氣，再將時間加倍就能取得葉肉部位的滋味，如同果肉飽滿厚重的甜感；再將時間拉長，就能讓葉梗、葉脈纖維、骨架、單寧完全釋放，像吃到葡萄籽的木質調與纖維感，甚至可能有苦澀味。

　　以 1：50 的評鑑泡為例，設定浸泡 6 分鐘、萃取範圍是 100%；浸泡時間 2 分鐘、萃取範圍 33%，只要萃取溫度的參數不變，便可靈活運用浸泡時間來決定萃取範圍。先將器具容量固定、溫度固定，只調整浸泡時間來決定萃取範圍，把概念反過來運用，縮短時間使萃取比例減少，茶體與結構也會隨之縮小，此時只要增加置茶量就可增加濃度，但需確保增加的置茶量都能在沖泡器具內充分舒展完全。

　　以第一段 2 分鐘的浸泡時間為例，萃取比例為三分之一，時間不變動，將置茶量增加三倍，也就是使用 9 克茶乾浸泡 2 分鐘，就能達到和 3 克茶乾浸泡 6 分鐘同樣厚度的茶湯；但以萃取範圍來說，前者只有外層的果膠質與香氣，後者則是從裡到外的葉肉、葉梗與葉脈滋味。如果想呈現更多汁圓潤的風味，同時去除後段的乾澀、苦澀感，萃取範圍則設定在 66%，使用兩倍

的茶乾，也就是以 6 克浸泡 4 分鐘，就能將茶葉外層的果膠質與葉肉的香甜完全萃取出來，但又不會萃取到葉梗葉脈部位。

從葉底與茶渣來看萃取比例

將萃取範圍運用到觀察葉底與茶渣，練習嗅聞茶渣判斷萃取比例。泡完茶之後仔細地嗅聞葉底，如果此時葉底還有非常豐富的甜度、花香、果香，則表示萃取比例幾乎只有一半而已，茶葉內部還留有許多香甜的物質；假設葉底的香氣呈現出果皮、樹葉的乾燥味而沒有任何的花果香甜，表示茶款已萃取完畢。

實際練習 ·
———————
萃取範圍運用

　　建議先在「一次性萃取」的條件下充分練習，
待熟悉參數變化後再運用到「分段多次性萃取」。平
時先以容量 350 毫升以上的茶壺練習，例如日本急須
壺、英式大茶壺；之後再使用水量高於 350 毫升以上
的器具，像是不鏽鋼大茶桶，即使經過長時間浸泡等
待，水溫也不會改變太多。在溫度固定的情況下，多
練習使用不同的置茶量與浸泡時間，甚至水流的沖煮
力道，反覆練習與品飲，就能慢慢記住風味變化。

SOAKING TIME ─────

調整變因 4：分段多次萃取

　　如前文所述，想從「一次性萃取」的概念變化延伸到「分段多次萃取」，只要讓置茶量加倍，就能將特定部位萃取至需求濃度，接下來將以此概念再延伸至「多次分段萃取」。假設 150 毫升的器具使用 3 克茶乾，依照沖泡次數乘以原先設定濃度的投茶量，就是一次為 3 克、兩次 6 克、三次 9 克、四次 12 克…如此推算。但考量到茶葉舒展空間，所有器具都以三倍為上限，避免超過三次以上的茶葉會無法充分舒展，全部擠在一起容易造成局部過萃，後續的沖泡舉例都以三次為限。

　　一般大眾對於茶葉沖泡次數有些迷思，很多傳統沖泡者會認為茶葉能沖越多次越好，有些茶商則會標榜自己的商品沖至八、九泡都是相同顏色。如果我們理解沖泡的概念，要泡幾次都有茶色其實非常簡單，只要增加置茶量，即可做到均一化的湯色。

　　但回到萃取與風味的角度，或以烹調角度來看就顯得不太合理，想想看如果一次烹調過多食物，可能使翻面不均勻而造成局部焦掉或部分未熟，而改變料理最終味道；泡茶也是同樣邏輯，建議三次內的置茶量為限，再依茶葉品質增減和微調。舉例來說，原先 150 毫升的水可能需要 9 克茶乾，使用品質好的茶葉可以減量至 6 ～ 7 克，若品質較差的茶葉則多增加 1 ～ 2 克左

右，透過微調置茶量來做到濃度穩定且均勻萃取的狀態。「多次分段萃取」會把茶葉不同部位的特色在每一泡茶充分展現出來：

第一沖：萃取到茶葉的最外層與果膠質

只要器具與水質選擇得宜，能表現清亮的香氣與柔軟滑順的果膠質，但有些人會覺得第一沖的風味過於淡雅，更需透過精準的引導，才能細細感受茶葉在製作與生長過程中產生的風味變化。

第二沖：完整呈現出葉肉多汁、Q彈厚實的茶體

很多人最喜歡第二沖，茶感與香氣表現都在這一沖最為厚重飽滿，而葉肉部位直接反應了茶樹的健康狀況與土地生態。當茶園管理得宜，採摘成熟度又剛好的話，更能呈現葉肉肥美的風味。

第三沖：有厚重單寧感，來自於葉梗、葉脈植物纖維

單寧厚重的茶體結構主要表現在第三沖，有些茶葉品飲者很喜歡第三沖帶來的口感衝擊，有著厚實的底蘊，著重中後段尾韻，土地的健康與礦物質將在第三沖完整體現。

分段沖泡能更精準判斷不同部位的風味表現，而我個人在評鑑茶時也喜歡使用分段沖泡，主要希望能放大觀察每個部位的狀態，有助於幫助理解茶葉從土質、茶樹、製作工藝、烘焙、熟成…等每個階段所發生的事情。最後還是一句老話，萃取需要不斷練習再記錄品飲筆記去理解風味變化，多多累積萃取與品飲經驗，就能從大量的萃取經驗中提取自己最喜歡的沖泡方式。

溫潤泡的主要意義

到底該不該洗茶？沒有洗茶可能殘留農藥？第一沖到底能不能喝？是許多泡茶者的疑問，「溫潤泡」也是萃取範圍的應用之一。

首先，以現代的製茶技術來看，其實不用洗茶，目前的製茶環境有別於早期，可能存在著許多灰塵與茶末，但現今大部分的製茶廠都會要求工作環境的整潔與食安管理。基本上，台灣茶、日本茶、大吉嶺茶不需要刻意洗茶的，但有些普洱茶的存放、製作環境可能不是這麼得宜，還是建議先洗過一兩次，去除附著在茶葉外層的灰塵為佳。

再來，種植時為了使農藥能黏著在茶葉表層不被雨水或灌溉水沖掉，會使用脂溶性的黏著劑，光是用水無法將這些藥物洗掉，除非使用酒精泡茶才能將這些農藥溶出。但比起農藥來說，食安方面更需要注意的是香精、茶精、化學調味使用。

回到萃取層面，茶葉製作工序最後會進行乾燥或烘焙，茶葉表層會變得極度乾燥，有明顯的乾澀感（Dry），萃取者可以利用溫潤泡將表層的乾澀味去除。萃取時，建議提高水溫，稍微浸泡 3 ～ 5 秒就出湯，即可去除表層不要的風味，就像把外層的果皮削掉，只留下果肉飽滿的部分。

使用高溫做溫潤泡不只能夠去除最表層的乾澀感，同時讓茶葉溫度一致，以水分填滿茶葉的毛細孔，讓內外溫度都相同，隨後沖泡時就能幫助茶

TEA COLUMN

葉充分展開。如果沒有溫潤泡就直接注入熱水的話，茶葉內部還保有空氣，會使溫度進到茶葉中心點的速度變得極慢，而造成茶葉內外層的釋放速度產生落差。

COLD BREW TEA ————

冷萃茶

冷萃茶或冰滴茶已經流行了好幾年，以長時間低溫浸泡茶葉的方式使風味慢慢釋出（通常以 5 ～ 25℃做冷萃、0 ～ 5℃做冰滴），我個人非常喜愛冷萃茶，可呈現更多茶湯細節。以下分享做冷萃茶的經驗：設定基礎濃度 1 克：100 毫升，準備無菌常溫 23 ～ 28℃的水，先在室溫下靜置，依照不同茶葉外觀判斷萃取時間（大約 10 分鐘至 2.5 小時不等），確保茶葉充分舒展後即可放入冰箱冷藏，放置 16 ～ 20 小時後濾出茶葉。冷萃的萃取比例為 1：100，通常茶湯內的香甜物質會比熱沖茶少了一半，所以冷萃茶對於水質更加敏感，無論軟水或硬水的結構都會更清楚地展現。

從製作到保存，冷萃茶／冰滴茶的注意事項

冷萃的邏輯與熱泡相同，先依照需求設定濃度、隨著茶葉外觀調整常溫浸泡時間。流程看似簡單，背後有著許多繁瑣細節需特別留意，尤其是茶葉乾燥度、熟成穩定性，對冷萃茶保存有關鍵影響。建議選用乾燥度、熟成度足夠的茶款做冷萃，當茶葉內的水分含量過高時，易有微生物影響冷萃是否成功。以無菌方式來沖泡乾燥度極佳的茶款，可存放 7 ～ 10 天，但使用含水量較高的茶葉製作冷萃茶，半天或一天茶湯內的微生物質就會過多，而導致茶湯酸化、變濁。

　　做冷萃茶的每個步驟都需注意微生物含量，盡量減少水與空氣接觸的機會，尤其是冰滴茶。建議將整個冰滴器具放在冷藏設備內，當冰滴冰塊融化成水珠滴到茶葉時，這個過程會大量接觸空氣，更容易使茶湯受到汙染，得確保冷藏環境全程低溫，以避免細菌過度孳生。

　　無論冷萃茶或冰滴茶，建議嚴格控制冰箱溫度在 5 ～ 8℃ 保存茶湯；存放期間的冰箱不宜過度開開關關而讓溫度起伏。曾經有店家因為頻繁開關冰箱或把熱湯放進冰箱冷卻，使得冷萃茶的保存過程溫變，導致茶湯在兩天內就壞掉了。冷萃茶製作並不難，大家不妨在家嘗試製作看看，日常生活中就能輕鬆品嘗到好茶。

－日本綠茶－

萃取、品飲與餐搭

GREEN TEA

ABOUT GREEN TEA ────

萃取綠茶的基本原則

鮮爽純粹的日本綠茶

日本綠茶是全世界綠茶的指標,有著先天地理環境的優勢,氣候乾燥、日夜溫差大,相當有利於製作綠茶;因此日本不只抹茶聞名世界,煎茶與玉露也都是具代表性的茶款。許多職人製作的頂級茶款幾乎都留在當地,觀光地區或國外幾乎買不到,使得大多數國外消費者無法真正認識煎茶與玉露的美好。

日本的地形氣候加上匠人製茶精神,無論是土地管理與製作工藝都遠超過其他國家的綠茶。日本緯度高,頂級綠茶只在氣溫較低的春天製作,故茶葉成熟度或發酵度皆有限,日本職人善用拼配技術,在最侷限的製茶工藝中做出各種風味變化,展現綠茶細膩純粹又豐富的味道,只有日本能表現出如同昆布冷湯般飽滿的鮮味。

如何萃取出綠茶的鮮味與細膩

日本煎茶與玉露都屬於綠茶,透過萃取手法能完整展現茶的純粹與本質。萃取時,建議使用 350 毫升的急須壺一次性萃取,使用 60 ～ 70℃緩慢的水流,輕柔地將煎茶與玉露的細膩風味完全釋放。由於茶乾外觀是細碎的針狀或條索狀,若水流過於強勁的話,容易快速翻動造成過度釋放,而產

生苦澀感，不建議分段萃取來沖泡日本茶。就算手再穩、注水技巧再好，重覆注水會使茶葉過度翻動而過萃。接著是沖泡溫度，理想為 60 ～ 70℃，能降低茶葉釋放速率，再活用濃度設定、調整置茶量與浸泡時間來微調風味。

　　基本上，綠茶的萃取是在中低溫情況下，以調整「濃度」為主要變因，「時間」為輔助。

宇治山・煎茶

京都宇治為全日本最知名的茶區，「宇治茶」自然成為品牌標示，近年來宇治茶協會特別將「宇治茶」這三個字註冊商標，海外有太多不肖業者打著宇治的名號，以高價販售抹茶、煎茶與玉露。後來藉由法律制定和正名，只有在京都、奈良與三重縣、滋賀縣這些特定區域產的茶款才能命名為「宇治茶」，與葡萄酒中香檳區的概念一樣，只有香檳區產的氣泡酒才能標示香檳。

茶款來自京都宇治日本茶的發源地田原町矢野園，創立於天保七年（1836 年），矢野家早期為田原町當地町長，整個家族有著豐富的茶產業資源，從茶農製作、土地管理、茶葉初製到精製包裝，每個事業體都精準分工。

宇治山使用「薮北やぶきた」為主體，塑造茶湯輕柔又鬆軟的質地，有如山巒間的雲霧，再加上厚實又飽滿的「奧綠」增添茶體結構，就像山脈的根基，最後添加少許的「早綠」，讓香氣輕盈綿長。職人利用三款不同個性的品種做拼配，既保有煎茶特有的日照香，又讓細膩茶香延續，打造出宛若宇治山靜謐優美、雲霧繚繞的畫面。

TEA ROASTING

焙茶師如何焙

烘焙狀態

2022 年初時跟矢野先生溝通，請他特別保留最好的初摘茶給我們，製作完成與檢驗後空運進到台灣時大約是 5 月。收到拆箱並剪開包裝，使少許空氣進到包裝內，把多餘空氣擠出後再封口。此時茶葉開始接觸少量氧氣，再將茶葉移到熟成室，把環境濕度控制在 40%，靜待煎茶熟成回潤兩週。上述處理是因為茶葉剛製作完成時，初製廠的乾燥工序會使茶葉表皮乾澀，此時水分集中在茶葉中心處，花兩週時間使水分均勻分佈之後，便可開始烘焙。我希望將這款茶的含水量降低，同時稍微在茶的表層賦予甜感，使花香與旨味（鮮味）變得更輕盈亮麗。

一般來說，烘焙煎茶與玉露時，需讓整個焙茶空間的濕度降低至 30%，再以 55℃左右的文火乾燥。為避免茶葉堆疊，每個焙籠只能鋪 500 克茶乾，同時確保每片葉子都能夠完全通風。花費 4 小時慢慢乾燥，乾燥期間細細嗅聞香氣變化，一旦出現乾燥草根香氣，代表受火面的水分已焙完，得馬上翻面、翻動使茶葉均勻烘焙，乾燥完成後再花 3 個月時間靜置熟成，如此就能做出香氣與質地極度貼合的作品。

TEA BREWING

司茶師帶你看茶與萃取

觀察茶乾外觀

　　煎茶的茶乾顏色如同漆器般透亮的深綠色，無論煎茶或玉露，只要保存得宜應該要有如此鮮活的綠色。大部分煎茶均以機械採收，得是一心二葉、日曬充足的成熟葉，葉子長度為 0.3～1.5 公分之間，因為茶乾是細碎針狀，建議以極輕柔的水流注水，避免茶葉過度翻動。

感受茶款風味

乾香飽滿的旨味、日曬昆布、綠豆蒜、糖炒栗子的甜感。

Brew

熱萃

——
沖 泡
——

萃 取 設 定 及 參 數

以 350 毫升的急須壺沖泡，一次性將茶葉風味完全萃取出來，建議兩種沖泡參數：

1・經典的煎茶風味：
建議濃度 1：60、置茶量 5.8 克、水溫 70℃、浸泡時間 4 分鐘。這個參數幾乎是 100% 的萃取，能帶出煎茶特有的日照香氣，把日曬海苔味、草根香氣充分展現。

2・想呈現細緻甜感、黏稠質地：
建議濃度 1：50、置茶量 7 克、水溫 65℃、浸泡時間 3 分 30 秒。增加置茶量縮短浸泡時間，這是走前段口感的萃取，展現煎茶的旨味（鮮味）鮮甜，避免萃取後段的植物纖維感。

萃 取 操 作 及 品 飲

· 經典煎茶的沖泡建議

使用 350 毫升的急須壺、建議濃度 1：60、置茶量 5.8 克、水溫 70℃

· 浸泡時間

4 分鐘

· 注水技巧運用

煎茶外觀是細碎針狀，只要輕微力道的水流衝擊就會翻動，加速釋放速率。初學者可先用 70℃的水將茶壺確實溫潤，將水注到八分滿，倒入茶乾後以輕柔水流稍微打濕茶葉，吸飽水的茶葉會慢慢沉入水底，再開始計時浸泡 4 分鐘。

已經能掌握注水穩定度的朋友，建議壓低壺嘴保持水溫，沿著壺壁緩慢注水，切記不要直接注水在茶葉上，以免造成過度翻動，使得局部過度萃取。力道一致地將水注滿，建議注水時間盡量在 10 秒內完成。

煎茶外觀是細碎針狀，注水時只需輕微力道的水流就會使茶葉翻動。

· **出湯速度**

記得選擇有壺擋的急須壺，才能將煎茶擋在壺內，通常煎茶發酵度低，採摘也較細嫩，整坨茶渣會接近泥狀，請盡量避免茶渣堵住壺嘴，導致無法順利出湯，而造成浸泡過度。

1. 以熱水先確實溫壺後倒掉水。

2. 將茶乾撥入壺中，以輕柔水流稍微打濕茶葉，進行溫潤泡後倒掉水。

3. 以70℃熱水沖泡，降低壺嘴，沿著壺壁緩慢繞圈注水。

4. 順著壺嘴出湯，盡量減少空氣打入茶湯。

5. 宇治山的茶湯呈現青綠色。

‧品飲練習

使用赫斯特 Soft-swing 瓷杯
來品飲宇治山，杯底刻意沒上
釉，即使是接近 50℃的茶湯也
能用手捧起杯子品飲，在冬天
非常舒服溫暖。純手工製作的
杯緣讓嘴唇感覺服貼，如此旨
味（鮮味）變得更清晰，能感
受昆布般黏稠的質地。純淨的
旨味就像喝昆布湯，綠豆蒜的
日曬香與甘草香氣在口腔後段
慢慢綻放，圓潤質地包覆整個
口腔直到入喉；回甘的甜感留
在喉頭，雖然緩慢但溫柔又悠
長。煎茶熱沖搭配赫斯特 Soft-
swing 杯可說是完美組合。

Cold Brew

冷
萃

製　作

萃取設定及參數

　　使用 750 毫升的冷水壺、建議濃度 1：110、置茶量 6.8 克。請使用茶包反折袋將茶乾包好，使茶葉釋放得更慢更穩定，以常溫水浸泡 30 分鐘，再放冰箱冷藏 18 小時即可濾出。

＊註：製作冷萃茶之前，請確認器具已消毒和乾燥。

冷萃茶風味與杯型選用

　　使用 RIEDEL Performance Champagne 香檳杯來品飲，展現與熱沖截然不同的風味個性，香檳杯讓無發酵度煎茶的清晰清爽、青草香氣與綠豆蒜的清甜展露無遺。束口香檳杯把青草與茶的香氣集中在前段，圓潤黏稠的質地在中後段才慢慢出來，適合搭配有香草、香料、青綠色調性又新鮮的前菜，或新鮮無腥味的海鮮料理，可疊加鮮味強度，並帶出肉質的甜感。

從茶湯、葉底分辨製茶工序

· 看茶湯顏色

建議使用茶包袋，才能包覆所有細碎的茶末，讓茶湯變得清澈，做出透亮的蜜綠色。稍微將高腳杯傾斜45度角，觀看液面與杯緣顏色是否有過度落差。熟成度與乾燥度極佳的煎茶，杯緣與液面顏色是一致的；若茶乾含水量較高，則有明顯的顏色落差，液面會稍微透明帶有水色。

· 看葉底狀態

新鮮的煎茶葉底為青翠綠色，用手稍微搓揉便可感受黏性，輕微的纖維感則代表製程有受到充分日照。保存良好的高檔茶款，茶渣呈現均勻的嫩綠色；但若保存不良或受潮，茶渣顏色會越來越黃。曾經遇過有茶藝老師擔心煎茶鮮度會降低，而將頂級煎茶拿去冷凍，這是非常大的迷思與錯誤。新鮮的煎茶一旦經過冷凍，會使水分凝縮並附著在茶葉表面，一旦脫離冷凍庫回到常溫，茶葉會快速受潮而劣化。

TEA PAIRING

煎茶餐搭

稻燒鰹魚 / 豆薯 / 扁魚

搭配茶款

宇治山・煎茶

料理與茶款的風味元素 ∕ 煎茶的日照香 & 日曬扁魚乾燥香

by Chef NICK | SINASERA 24

稻燒鰹魚跟豆薯是澎湖的傳統菜，使用扁魚、豆薯與海菜炒成的熱菜。主要有扁魚與豆薯的脆加上海菜香氣，通常會煎一些土魠魚乾一起炒。以這樣的食材組合概念把熱菜改成冷菜，讓稻草煙燻味披覆在鰹魚表面，利用紅肉魚的特殊風味與扁魚做結合，再把芹菜根、柴魚冷泡，讓鰹魚與豆薯的香氣更進化。

| 侍茶師如何餐搭 |

煎茶圓潤又黏稠的旨味與質地，和鰹魚 Q 彈的肉質互相呼應；煎茶特有的日照香更帶出日曬扁魚的成熟鮮味。長時間乾燥所產生的乾香與甜感，與稻燒鰹魚的煙燻味疊加出更亮麗的風味。煎茶本身清爽酸甜，會讓豆薯變得像水梨般多汁。

這是以相同質地及同調性香氣互相襯托的搭配組合，用煎茶飽滿圓潤的果膠質包覆起整道料理，同時保留所有食材所有的質地。

茶款 2

福岡八女・有機玉露－翠玉

早期剛接觸日本茶的我有點產地迷思，只專注探索宇治茶與靜岡茶，直到日本朋友跟我推薦福岡八女的「いりえ（irie）茶園」，並說我們的理念非常相像，請我一定要試看看他的茶。いりえ茶園位在福岡八女，海拔約 450 公尺的釘山山頂，已有 35 年完全不使用任何除草劑與農藥，幾乎與土地生態共生，很難想像有機茶竟然可以做到這麼鮮活嫩綠且無瑕疵，使我想要更深入了解他們的茶園是如何耕作的。

後來終於品飲這款茶，能明確感受到福岡八女地區的風土，包含了土地健康狀況與生態、茶樹的生命力。

茶園主人 27 歲生病時喝到故鄉的茶，因此下定決心回到故鄉種茶。花費 5 年養護土地轉型成有機，再花 5 年製作茶款，最後終於找到最適合的方式與自然共存，茶園土地也因此有了豐富的微生物、有機質、昆蟲，在當地形成良好的生物鏈。土地健康，茶樹自然也強壯，做出來的茶品質就會好。相較於煎茶，玉露更重視茶樹健康狀態與否，需在採摘前 30 天以黑網覆蓋住茶葉，使茶葉減少日照、降低單寧的產生，同時增加茶葉當中的胺基酸，能展現更飽滿的茶香與鮮味。

TEA ROASTING

焙茶師如何焙

烘焙狀態

市場上很少見到綠茶的烘焙工藝，尤其是細緻的玉露。由於製程中刻意降低日照、嫩採輕發酵，全部製作工序甚至連沖泡方式都是為了保留玉露細緻的風味，如此細緻的茶款一旦烘焙過程中出了一點錯誤，可能就會毀了整批茶。

大約 4 年前，日本客戶在惠比壽高級壽司店有餐搭需求，搭配料理是花費 7 天熟成的青甘肚（鰤魚肚），秋冬的青甘油脂特別豐富再經過慢慢熟成，肉質變得更加甜美，香氣也更細緻。如果用一般玉露搭配的話，很容易被料理風味壓過，經過討論後，我提出不如使用台灣的傳統焙籠，試著以低溫烘焙，去除水分以保留鮮甜，茶乾熟成後能讓整體風味結合得更好，同時又可增添茶體結構，於是日本客戶便將茶葉寄來台灣讓我嘗試烘焙。

當時是第一次嘗試烘焙玉露，雖然原則上絕對可行，也想好所有流程和可能發生的事，但仍需格外小心，畢竟這款茶 1 公斤快兩萬台幣。使用台灣傳統 5 斤的焙籠通常可焙 3000 克台灣茶，但我只放了 500 克玉露，目的是為了整個焙程的空氣能充分對流。因為玉露外觀為扁平的針狀，很容易疊在一起，而使空氣無法順利通過而產生熱悶味道。小心翼翼地焙了 4 個小時，去除水分後再熟成靜置 2 個月，還好最後結果有如預期，玉露的旨味（鮮味）變得更加輕透圓潤，而且整體質地更扎實。

TEA BREWING

司茶師帶你看茶與萃取

觀察茶乾外觀

　　玉露茶乾是鮮活帶光澤的深綠色，葉子長度大約 0.3～1.5 公分之間，葉子較小，無論冷萃或熱沖都得非常注意溫度與水流。雖然同樣是在煎茶體系下製作的，但玉露與煎茶稍微不同，採摘前 30 天的黑網覆蓋會降低日照，此工序會使茶的纖維感降低，少了纖維，整體葉子變得更軟嫩。進行揉捻工序時，需用軟 Q 的毛刷慢慢揉捻細嫩的葉芽成扁針狀。

感受茶款風味

新鮮海菜、初榨昆布汁、清新香草、淡雅小白花。

Brew

熱萃

沖泡

萃取設定及參數

　　以 350 毫升的急須壺來沖泡，一次性將茶葉風味完全萃取，建議兩種沖泡參數：

1 · 經典的玉露風味：
建議濃度 1：60、置茶量 5.8 克、水溫 70℃、浸泡時間 4 分 30 秒。這個參數幾乎是 100% 萃取，能將玉露的茶感與細緻度完全表現出來，特別適合有喝茶習慣的朋友。

2 · 想呈現細緻甜感、黏稠的質地：
建議濃度 1：50、置茶量 7 克、水溫 60℃、浸泡時間 4 分鐘。增加置茶量，但縮短浸泡時間，萃取比例約 75%，表現出鬆軟的旨味（鮮味）。

萃 取 操 作 及 品 飲

· 細緻甜感的玉露沖泡建議

使用 350 毫升的急須壺、建議濃度 1：50、置茶量 7 克、水溫 60℃

· 浸泡時間

4 分鐘

· 注水技巧運用

玉露採摘的前 30 天覆網降低日照又刻意嫩採，使得茶葉外觀更小、葉子纖維軟嫩，因此比起煎茶，玉露受水流影響時的翻動會更劇烈，也更容易受到水流影響。建議沖泡前先準備可反折的茶包袋，把茶乾包覆起來再進行注水，能有效降低茶葉過度翻攪，非常細嫩的葉子也不會使茶湯變得過於混濁，或可使用像茶包袋的濾茶球代替。

萃取時除了運用茶包袋，也可先將水注至八成滿後投入茶葉，之後再慢慢將水注滿即可，注水過程同樣建議在 10 秒內完成為佳。

· **出湯速度**

順著急須壺出湯即可。再次提醒，玉露葉子較為軟嫩，更容易呈現泥狀，非常容易堵住壺嘴。

1. 將玉露茶乾放進茶包袋，反折袋口，能降低萃取時茶葉過度翻攪。

2. 以熱水先確實溫壺，放入有茶乾的茶包袋，進行溫潤泡後倒掉水。

3. 壓低壺嘴，並且貼著壺身繞圈，均勻且穩定地注水。

4. 順著壺嘴出湯，使用茶包袋後的茶湯幾乎沒有細碎茶末。

5. 玉露的茶湯呈現黃綠色。

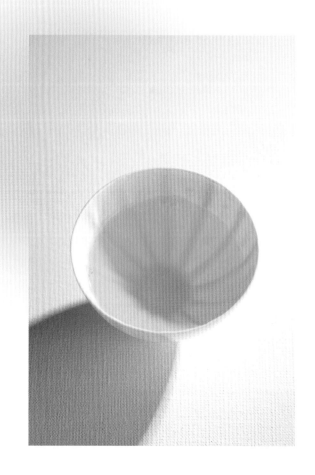

˙品飲練習

我嘗試過許多不同杯型且是日本製的煎茶杯與玉露杯，但推薦選擇使用赫斯特 Mroning blossom 來品飲，更能襯脫玉露鮮美圓潤的質地。個人非常喜歡烘焙後的玉露，有如昆布湯的軟綿及糖漿般甜稠質地，兩個不同層次的質地堆疊，入口一瞬間就有滿滿感動。清爽的草根香氣與小白花香到了上顎頂點會慢慢暈開綻放，初榨昆布汁的鮮甜感落在舌面，經過烘焙與熟成後產生淡淡的茶單寧，輕柔包覆在舌面與兩頰。茶湯入口即化，連喉頭也能感受到圓潤質地，過了 10 秒後慢慢回甘，純粹的茶香飄散到鼻腔化開，利用熱泡後完全可感受到這款茶是用純淨有機的栽種方式，令人敬佩。

Cold Brew

冷萃

製 作

萃 取 設 定 及 參 數

　　使用 750 毫升的冷水壺、濃度比例 1：110、置茶量 6.8 克，建議使用軟水來製作，軟綿的水質能讓玉露的細緻質地更明顯。一樣使用茶包反折袋將茶乾包好，以常溫水浸泡 30 分鐘，再放冰箱 18 小時即可濾出。特別提醒玉露與煎茶的常溫浸泡環境，盡量維持在 24 ～ 26℃的冷氣房製作最佳，如果製作冷萃茶的環境沒有冷氣或空調，則建議將浸泡時間縮短至 10 ～ 15 分鐘。

＊註：製作冷萃茶之前，請確認器具已消毒和乾燥。

冷 萃 茶 風 味 與 杯 型 選 用

　　冷萃的玉露基本上與煎茶的概念相近，我個人認為玉露搭配 RIEDEL VERITAS Oaked Chardonnay 簡直是 Marriage，它的杯口比較寬廣，將玉露多層次的質地展露無遺，一入口的鬆軟感、接觸舌面的 Q 彈，既有質量又黏稠，入口即化的軟嫩及乾淨風味到了舌面上，酸甜感就慢慢擴散開來，淡雅的青草花香與茶感在後段慢慢跟上，從喉頭開始回甜回甘，餘韻在口腔慢慢化開、耐人尋味。

從茶湯、葉底分辨製茶工序

· 看茶湯顏色

一般市售的玉露湯色較為混濁，顏色為黃綠色，其原因可能是茶乾含水量過高，或浸泡過程沒有濾掉茶末的緣故。若不論茶湯混濁與否，得依靠味覺與嗅覺來判斷茶葉的含水量是否過高時，可從杯緣來判斷茶，杯緣與液面的接觸點若呈現透明狀，則表示茶葉的含水量偏高，建議趁新鮮盡快品飲完畢。凡是經過乾燥與熟成的玉露，水分含量低，茶湯顏色會更為均勻，色澤是極清澈的蜜綠色。需特別注意避免使用礦物質含量過高的水來沖泡玉露，會使活性極高的兒茶素變灰褐色。

・**看葉底狀態**

新鮮玉露的葉底是有光澤的鮮綠色，整體顏色均勻一致。捏起少許葉底，輕輕搓揉能感受清楚的黏稠感。若有保存不當或受潮劣化，葉底會明顯變黃，有水味、油耗味，類似放太久濕掉的海苔，葉底也因為含水量過高而呈現泥狀。

頂級玉露嫩採又減少日照，經過浸泡後，葉底纖維軟嫩且苦澀度低，可加點薄鹽醬油直接食用，如同新鮮海菜一樣美味。

TEA PAIRING

玉露餐搭

芋頭／蚵仔／小黃瓜花

搭配茶款

福岡八女・有機玉露 - 翠玉

料理與茶款的風味元素

✁

芋泥及生蠔的甜香 & 玉露的鮮甜香

by **Chef NICK** ｜ **SINASERA 24**

這是以「芋頭」與「蚵仔」諧音來創作的料理，使用的是澎湖生食級的生蠔和長濱的芋頭，還有飛魚鬆，再以小黃瓜花、巴西里點綴。再放上使用長濱當地種植的金剛米，製作成極薄的脆口米餅，用湯匙盛起所有元素一口享用，除了香氣更增添更豐富的質地層次。

｜ 侍茶師如何餐搭 ｜

剛拿到菜單時，其實很難想像芋頭與生蠔的組合可以和玉露搭配，但實際餐搭後，發現芋頭特有的澱粉香氣把生蠔包覆住，讓蚵仔的鮮甜味更加綻放。

主廚將芋頭煮成泥，巧妙運用芋泥奶油般的香甜結合生蠔的鮮味，這兩種食材在料理之後的質地都是黏稠，但卻擁有不同的鮮甜滋味，玉露本身的滿滿鮮味與絹綢感恰好能銜接住它們。

玉露的特性是能同時把優點與缺點放大，只要食材新鮮，就能將芋泥及生蠔的鮮甜感受變得更加強烈，配上巴西里及小黃瓜花，整道料理的香氣變得更清新、亮麗。

5

－莊園紅茶－
萃取、品飲與餐搭

BLACK TEA

ABOUT BLACK TEA ────────

萃取莊園紅茶的基本原則

大吉嶺乾冷氣候造就的特殊風味

　　大吉嶺莊園位於喜馬拉雅山腰上，當地氣候乾冷、茶葉生長速度慢，採摘等級細緻，七成以上比例是頂芽、嫩芽，葉形外觀較小。以相同重量的茶乾來看，大吉嶺茶的養分含量較高，乾冷氣候造就了豐富的冷霜感，大多有麝香葡萄果韻與多層次柑橘香氣。有些頂級限量大吉嶺茶款需提前預訂或是搶標才能取得，有點像法國當地小農酒莊的酒款，如果沒有事先預訂，真的很難喝到。由於大吉嶺莊園茶珍貴且量少，加上沖泡困難度高，真心建議初學者不要立刻嘗試，很容易把茶泡壞，請先累積一定的沖泡經驗再來挑戰它。

講求沖泡技術的大吉嶺莊園茶

　　頂級大吉嶺莊園茶的萃取參數設定就算已經很完整，稍微閃神仍可能毀掉整壺茶湯。如同前述所說的，它的葉形小，因此接觸水的面積大、釋放速度快，如果注水過程不均勻或在單點注水時間過久，易使茶葉過度翻動而釋放乾澀感。出湯時間也要留意，若前後誤差達 3 秒，看似時間不長，就足以影響整體茶湯的結構與濃度。這個章節帶大家練習使用大壺，搭配溫度、水流的運用來沖泡嫩芽型茶款。

茶款 1

印度 大吉嶺・桑格瑪莊園
蜜香正夏

2021 Sungma,Kakra Musk,SFTGFOP1,2nd Flush

　　來自桑格瑪莊園的蜜香正夏是我最愛的大吉嶺莊園茶之一，同時也是老靈魂茶友們喜愛的品項。桑格瑪莊園位於大吉嶺米里克城區，莊園中保留大部分的中國小葉種茶樹都有 150 年左右的年紀了。英國人從中國沿海地區偷渡到印度大吉嶺種植的小葉種茶樹慢慢適應大吉嶺乾冷的氣候，但因為水資源較少，所以茶樹根系紮得很深，可明顯感受到土地深層礦物質的風味。

　　茶樹的生命力及活性極高，莊園主人於 2021 年選擇海拔 2000 公尺向南面的茶園進行種植，特別挑選樹齡 175 年的中國小葉種茶樹，被小綠葉蟬均勻叮咬後的茶菁帶著清亮沉穩的蜜甜，特別以正統大吉嶺夏摘茶的傳統工藝來製作成紅茶，蘊含清晰明顯的麝香葡萄果韻，是大吉嶺傳統夏摘茶中最極致的風味表現。

TEA ROASTING

焙茶師如何焙

烘焙狀態

一剪開包裝袋，就明顯感受到正夏茶葉乾燥度極高，香氣是老藤特有的木質調性，幾乎找不到成熟的果韻與花蜜香甜，勢必得花時間熟成再觀察風味變化。靜置 5 個月後，乾燥味逐漸褪去，成熟的麝香葡萄果韻與花蜜香氣慢慢醒來了，老藤的木質調性與乾燥感稍微降低，若經過篩選與再次乾燥，必定會有更多可能性。

我想做出如同澳洲 Shiaz（釀酒用葡萄品種）的飽滿果漿感，同時有香料及莓果調性，再帶點木桶香氣，當時以此想法將茶再次烘焙。因為是中國小葉種老茶樹，茶葉較細嫩、細碎且嫩芽多，為了避免讓手的濕氣影響茶乾，刻意用小鑷子把雜葉、枯葉…等瑕疵挑掉。烘焙初期覺得很糾結，因為一旦烘焙了，又得花半年至 1 年進行熟成，但本身茶款甜度極高，烘焙完成後的模樣想必非常迷人。熟成 3 個月後，先以 65℃溫火慢慢烘焙、去除水分，再將茶葉鋪實，使熱源集中在茶葉內，逼出甜度。花了 4 小時細心照料，過程中一旦產生木質調氣息就立即翻面，讓茶葉均勻烘焙又不焦掉。選在 2021 年冬天最乾燥的天氣完成烘焙，一直熟成到 2022 年 5 月終於定案，茶款保留原本的花蜜香甜與麝香葡萄果韻，更增添了果漿般的甜美，細緻的烘焙手法能賦予茶款更高的存放潛力。

TEA BREWING

司茶師帶你看茶與萃取

觀察茶乾外觀

　　茶乾顏色為均勻紅褐色，嫩芽部位則為白色，外觀約 0.8 公分的細碎條索狀，同時有成熟葉、嫩葉與嫩芽，白毫比例大約四分之一，初步判斷沖泡溫度為 85 ～ 88℃。因為茶乾是較細碎的類型，浸泡時間需特別注意，超過 1 ～ 2 秒就可能過萃。再來嗅聞茶乾香氣，單寧感、木質纖維感稍微偏高，一旦注水水流太強、溫度太高的話，會造成纖維質快速釋放，產生明顯的乾澀與粗澀感。

感受茶款風味

乾燥紫羅蘭、成熟花蜜、
乾燥莓果、麝香葡萄果韻
木質調。

Brew

熱萃

沖泡

萃 取 設 定 及 參 數

使用 500 毫升的白瓷大壺來沖泡，建議兩種沖泡參數：

1.正夏的經典風味：

若喜歡強壯厚重的木質調性與單寧感的朋友，建議濃度 1：85，
萃取溫度 88℃，浸泡時間 3 分鐘，展現厚重飽滿的老藤木質調性。

2.想呈現花蜜香甜感：

增加些許濃度比例到 1：80，萃取溫度降低至 83℃，浸泡時間
3 分鐘。稍微降低 5℃，能將老藤的木質調性與乾澀感稍微降
低變得溫和，更突顯茶款的花蜜甜味。

萃 取 操 作 及 品 飲

· **經典莊園紅茶的沖泡建議**
使用 500 毫升的白瓷大壺、建議濃度 1：50、置茶量 7 克、水溫 60℃

· **浸泡時間**
3 分鐘

· **注水技巧運用**
沖泡蜜香正夏的手法可運用在英國早餐茶、法式香料紅茶、調味紅茶這類外觀為細碎條索狀的茶款上。市售有專門沖泡這類茶款的濾茶球，目的就是為了降低茶葉過度翻動，很適合初學者使用。另一種方式是先將水注滿壺中，後續再投入茶葉，可有效避免水流過度翻動而造成過萃。

先進行溫潤泡，稍微去除茶葉表層的乾澀感，同時使茶葉內外溫度一致，後續萃取過程中更能均勻釋放。建議使用出水穩定的煮水壺，注水點在壺身壺側，避免直接撞擊茶葉。緩慢輕柔地注水，切記不能快不能急，以浸泡方式慢慢將水注滿，留意盡量避免茶葉過度翻攪而過萃，注水時間長達 20 秒以上是正常的。記得將注水時間從浸泡時間內扣除，以免浸泡過久，也容易造成過萃。

蜜香正夏的茶樹為老藤，茶款本身有極高的單寧與粗澀感，建議使用軟甜水質包覆粗澀的纖維感，來平衡茶湯質地表現。一次性長時間萃取能將茶款所有風味全部釋放，熱沖後的茶體結構會更加強壯。

·出湯速度

大容量瓷壺出湯速度很快，順著壺嘴的流量穩定將茶湯倒出即可。出湯倒入茶盅時，盡量降低高度，避免帶入過多空氣加速單寧氧化，會使粗澀感變得更為明顯。

1. 以熱水先確實溫壺，然後輕輕撥入茶乾，
   進行溫潤泡後倒掉水。

2. 以 60℃的水沖泡，注意需壓低壺嘴，輕柔注水。

3. 避免單點注水，緩慢繞圈使茶葉均勻翻動。

4. 順著壺嘴穩定出湯即可。

5. 蜜夏正夏的茶湯呈現橙紅色。

· **品飲練習**

使用德國 Hering Berlin 的 Espresso 杯來品飲剛好，香氣與質地都能完整呈現。一入口就能感受沉穩飽滿的麝香葡萄香甜，花蜜香與乾燥花銜接在後，茶湯經過舌頭中段，乾燥黑醋栗、莓果與紫羅蘭香氣在舌面暈開，能感受像葡萄皮、葡萄蒂與老藤特有的礦石感。茶湯入喉後，強壯的單寧感、類似葡萄皮的口感完全包覆整個口腔，餘韻綿長，兩頰開始生津，麝香葡萄果韻在口腔慢慢綻放，蔓延至鼻腔，熱沖可以更強化「蜜香正夏」中後段香氣的表現。

Cold Brew

冷萃

製 作

萃 取 設 定 及 參 數

使用 750 毫升的冷水壺、濃度比例 1：150、置茶量 5 克。以常溫水浸泡 20 分鐘，確認茶葉充分舒展後，再放冰箱冷藏 18 小時即可濾出。

*註：製作冷萃茶之前，請確認器具已消毒和乾燥。

冷 萃 茶 的 風 味 結 構

挑選宜蘭頭城軟綿水質的礦泉水進行冷萃，軟甜口感與花蜜葡萄果韻結合，變得更像 Syrah 的果漿感，建議使用 RIEDEL Performance Syrah 杯品飲，大杯肚能將濃郁的果漿、莓果與香料香氣完全張開，到杯口時的香氣將更為顯著。若以 18℃ 出杯品飲，就像喝紅葡萄酒，入口瞬間感受到果漿般的甜美，同時帶著乾燥花與乾燥莓果香，廣闊的杯口讓酸感更清楚，蜜甜加果甜又有明亮的果酸襯脫，後續跟著老藤的木質調與沉穩果酸，整體風味變得耐人尋味。可以稍微靜置，使茶湯溫度提高至室溫，輕輕搖晃酒杯再飲用，葡萄果皮、木質調性會變得更為清晰，如同入桶後的葡萄酒，扎實、厚重有結構。

從茶湯、葉底分辨製茶工序

· 看茶湯顏色

蜜香正夏是大吉嶺傳統的夏摘茶，以最正統的紅茶工藝製作而成。雖然茶葉發酵度高，但因生長環境為海拔 2000 公尺的高山茶區，因此湯色並非暗紅色，而是明亮的橙紅色，發酵程度大約 75%，由裡到外都是透亮且均勻的橙紅色，表示發酵度剛好且溫度控制得宜。蜜香正夏茶葉嫩芽上有著白毫，經過沖泡後，細細白毛會稍微漂浮在茶葉表面，是正常現象。

· 看葉底狀態

葉底充分舒展後大約 2 ～ 3 公分，外觀皆為均勻的橙紅色，用手指稍微搓揉茶葉，可感受到植物的纖維感又帶有點黏性，這是 175 年樹齡老茶樹特有的狀態；同時，因為葉形窄小而厚肥，難免有一些過老、較纖維化的葉子摻在其中。如果是其他品種的紅茶，同樣可藉由葉底顏色的均勻度來判斷發酵程度是否完全，有些店家使用的紅茶或香料紅茶葉型可能更為破碎，如此葉底顏色會更深更暗紅，都屬於正常狀態。

TEA PAIRING

莊園紅茶餐搭

干貝／筍子／竹地雞

搭配茶款

印度 大吉嶺 · 桑格瑪莊園
蜜香正夏

料理與茶款的風味元素

老藤成熟的木質香 & 花雕酒熟成香氣

by Executive Chef-XAVIER
LA VIE BY THOMAS BÜHNER

料理創作概念源自法國傳統菜——羊肚菌燴雞（La poularde aux morilles）。這道菜原本的食材是布列斯雞（Bresse chicken）、羊肚菌、鮮奶油和法國黃酒。

主廚特選新竹的竹地雞取代布列斯雞，竹地雞需熟成10天，只取雞胸使用，以炭火慢烤，在雞皮和胸肉中間釀入干貝和羊肚菌慕絲，干貝為竹地雞增添更多鮮甜，也保護雞胸肉烘烤時不會直接受熱而太乾澀。此外，選了和法國黃酒很相似的花雕酒，添加羊肚菌熬成醬汁，原本傳統的羊肚菌燴雞會加入大量鮮奶油和奶油，但為了突顯竹地雞的細緻味道，改用秋葵、川七這類黏稠蔬菜一起熬煮成醬，仍保有濃稠度，再搭上當季的綠竹筍使整道菜更清爽。

｜ 侍 茶 師 如 何 餐 搭 ｜

蜜香正夏特有老藤的木質調與乾燥香，把竹地雞熟成後的鹹鮮放大，沉穩的酸、單寧與紹興酒香的飽滿醬汁互相呼應，放大了竹地雞的細緻肉香味並使其更清晰，同時感受到醬汁與食材間的質地與層次變化。

印度 大吉嶺・塔桑莊園
喜馬拉雅傳奇・春摘

2022 Turzum, Himalayan Mystics,SFTGFOP1, 1st Flush

　　這款茶來自大吉嶺的塔桑莊園，莊園主人想用風味來刻劃喜馬拉雅山的宏偉，故取名「傳奇」。挑選莊園中 2000～2200 公尺向北的山面種茶，土地的礦物質飽滿；由於茶區面北，喜馬拉雅山的乾燥冷風賦予了這支茶款青澀水果皮、青澀柑橘皮的油脂香氣。堅持嚴選單一品種的 AV2 樹種，並細心養護幾年，等待質量飽滿、葉芽成熟，才進行採摘製作。肥碩的嫩芽採摘自樹齡 7 歲、青壯年的 AV2 茶樹，春季嫩芽提供了滿滿花粉與絨毛香甜，又帶有橙花的細緻。

　　塔桑莊園極致的單一品種製作工藝完全顯現在茶湯中，風味層次流暢，銜接幾乎無任何斷點，前段是輕盈亮麗的香甜，中段青澀水果香氣，最後落在口腔底層與喉頭是滿滿的礦石結構，精準描繪出群山壯麗磅礡的傳奇美景。

　　使用單一品種就能做到如此極致的風味非常不容易，從土地的管理、茶樹生長的健康程度、採摘與製作過程每個細節都得精準掌控，是我每年最期待品飲的春摘茶。

TEA ROASTING

焙茶師如何焙

焙 焙 狀 態

　　大吉嶺的春摘紅茶湯色呈現金黃色，每年的 3 ～ 4 月是春摘茶產季，也是每年的第一採，所以茶款名稱上標示 1st Flush。茶樹是在極為寒冷的環境下慢慢生長，嫩芽比例極高，甜度稍低、酸度高。就如同未成熟的青澀水果，口感清脆且有明亮果酸、輕盈細緻的香氣，這樣的茶款不適合再次烘焙，只會做到低溫乾燥，以降低含水量與回潤熟成，將大部分清亮、細緻的香氣完全保留。

　　打開包裝後先嗅聞茶乾，感受茶葉的乾燥度，先前有特別要求莊園將茶乾的乾燥度提高，因此初步聞到的草根香氣格外明顯，同時有蘋果乾與乾燥花的香甜。先將茶葉靜置回潤，挑選瑕疵葉或翻動茶葉時都要小心別讓茶乾過度破碎，同樣以小鑷子將瑕疵葉一個個挑起再放入焙籠，將焙茶間的溫濕度控制在 30%、以 50℃ 低溫慢慢去除水氣，每個動作與環節都必須輕柔，以保留這款茶細緻的風味。

「傳奇」是 AV2 樹種，有著肥碩的嫩芽，
茶葉乾燥後會呈現條索狀的白毫。

TEA BREWING

司茶師帶你看茶與萃取

觀察茶乾外觀

　　AV2 樹種有著肥碩的嫩芽，茶葉乾燥後會呈現條索狀的白毫，每個毫芽大約 1.5 公分長，透過輕揉捻、輕發酵，茶乾會呈現青綠色，毫芽與嫩葉的形狀幾近完整，中國的白毫銀針與白牡丹的茶乾外觀也類似。只要是嫩芽條索狀的茶款，沖泡溫度都不能過高，建議 85 ～ 88℃為佳，長時間低溫萃取以保留茶湯所有細緻與香甜，請盡量選擇高品質的瓷器茶壺、茶盅、茶杯來沖泡。

感受茶款風味

青澀水果、白桃、沁涼冷霜、橙花。

Brew

熱
萃

沖　泡

萃 取 設 定 及 參 數

使用 500 毫升的白瓷大壺來沖泡，建議兩種沖泡參數：

　　絕大多數的春摘茶款都是嫩芽條索狀，以大壺沖泡時，稍微下修溫度較容易帶出輕盈花果香氣，避免萃取過多的植物纖維質而使茶湯有粗澀感。喜歡厚重茶感的人，建議用 88 ～ 92℃的高溫，可做出直接又亮麗的花果香衝擊感。大吉嶺莊園的濕度與雨水都比台灣更低更少，茶款本身帶有更多的纖維、乾澀與礦物質，我個人較喜歡將溫度控制在 85℃左右，避免茶湯過澀，呈現更多春摘茶的花果香調性。

1 · 想呈現輕盈細緻的花粉香甜：
建議濃度 1：70、置茶量 7.1 克、水溫 83℃、浸泡時間 4 分鐘。這個參數能表現青澀水果的香氣調性。

2 · 厚重強壯的茶感：
建議濃度 1：80、置茶量 6.3 克、水溫 86℃、浸泡時間 4 分 30 秒。這個參數能帶出扎實的果皮與乾燥花香氣。

萃 取 操 作 及 品 飲

· 厚重茶感的莊園紅茶沖泡建議

使用 500 毫升的白瓷大壺、建議濃度 1：80、置茶量 6.3 克、水溫 86℃

· 浸泡時間

4 分 30 秒

· 注水技巧運用

喜馬拉雅山的乾燥冷風造就了茶款的乾澀感，以及豐富礦物質賦予的堅澀感，建議以軟水沖泡，利用水的圓潤度來包覆厚重飽滿的結構，塑造出有如果肉般的甜美。以 86 ～ 88℃的熱水先溫壺，再進行溫潤泡，去除茶葉表面的乾澀感，待水溫下降至 83 ～ 85℃即可開始沖泡。

用極輕柔的力道注水，使水緩慢地流入大壺中，盡量不要使茶葉過度翻攪，待水完全淹過茶葉後可稍微拉高水流，使茶葉在水中充分翻動，水流不要中斷，減少空氣被帶入的機會，使得茶湯的澀感被放大。此茶款的參數為一次性沖泡。

· 出湯速度

大容量瓷壺出湯速度很快，順著壺嘴的流量穩定將茶湯倒出即可。出湯倒入茶盅時，盡量降低高度，避免帶入過多空氣加速單寧氧化，會使粗澀感變得更為明顯。

1. 以熱水先確實溫壺，然後輕輕撥入茶乾，進行溫潤泡後倒掉水。

2. 待水溫下降至 83 ～ 85℃後開始沖泡，直接在大壺內注水，需避免水流衝擊使茶葉過度翻攪。

3. 當水位快滿時，稍微提高水流，讓茶葉充分翻動，水流不要中斷。

4. 順著壺嘴穩定出湯即可。

5. 傳奇的茶湯呈現蜜綠色。

· 品飲練習

使用德國 Hering Brelin 茶杯品飲，亮麗輕盈的花果香氣在入口第一瞬間會直達鼻腔，前段像是橙花、檸檬皮、青葡萄皮與白桃皮的毛絨感，來自於大吉嶺乾冷氣候與 AV2 樹種那年輕又肥碩的嫩芽。中段有青蘋果果肉的脆甜感與青葡萄果肉的軟綿甜美，同時有著明亮的果酸，使風味變得更平衡；中後段檸檬皮、葡萄皮的香氣落在舌面，底下有礦石味支撐，尾韻更為綿長。入喉後，茶的甜感在喉頭化開，橙花和青澀水果香氣跑到鼻腔，在舌面和口腔留下葡萄果肉的甜韻。

Cold Brew

冷
萃
___
製 作

萃取設定及參數

使用 750 毫升的冷水壺、濃度比例 1：150、置茶量 5 克。以常溫水浸泡 30 分鐘，確認茶葉都充分舒展後，再放冰箱冷藏 18 小時即可濾出。

* 註：製作冷萃茶之前，請確認器具已消毒和乾燥。

冷萃茶的風味結構

這款茶使用 RIEDEL Performace 的香檳杯（Champagne）品飲，與一般杯身細瘦的香檳杯稍微不同，Performace 系列的香檳杯型類似平衡的菱形，杯壁內緣有設計摺痕，更能清楚展現傳奇亮麗的花果香氣。

這款杯身高度比常見香檳杯稍微低一些，除了橙花、花粉香甜、檸檬皮這類亮麗的香氣之外，也能表現中後段沉穩的葡萄香甜。我常形容這支茶很像來自羅亞爾河上游的白葡萄酒，有著花果香氣與甜美的果肉感，中後段又有俐落的礦石味，非常適合搭配海鮮又有酸度的料理。

從茶湯、葉底分辨製茶工序

· 看茶湯顏色

雖然大吉嶺的春摘紅茶在工序上被歸類於紅茶，但在當地春季乾冷的天氣下無法做到傳統紅茶的重發酵，所以湯色為清澈的蜜綠色，與夏摘茶的橙紅色截然不同，從湯色就能發現大吉嶺的氣候直接影響到茶葉的發酵程度。

· 看葉底狀態

將葉底全部攤開，會發現肥碩的嫩芽與嫩葉都是均勻的黃綠色，拿起嫩芽輕微搓揉，可感受到像青澀葡萄皮帶有黏液的纖維感。因為生長於極為乾冷氣候的環境，會看到些許的過熟葉摻雜其中，葉片外觀的顏色則相對枯黃。

TEA PAIRING

莊園紅茶餐搭

紫蘇 / 蘋果 / 鮪魚刺身

搭配茶款

印度 大吉嶺 · 塔桑莊園
喜馬拉雅傳奇 · 春摘

料理與茶款的風味元素

黃檸檬皮酸度 & 青蘋果酸甜

by Executive Chef -XAVIER

LA VIE BY THOMAS BÜHNER

選用夏季的當令鮪魚來做這道前菜，赤身的油脂含量較低，清爽且肉味比較濃郁。整塊熟成 15 ～ 20 天，幫助肉質軟化，魚肉的甜味和酸味也更好釋放。以紫蘇油做成的醬汁醃漬切片魚肉，其油潤口感能彌補赤身油脂比較少的特點。下方是牛肝菌和昆布做成的塔皮，烘烤後的香氣濃郁、口感鬆脆。以青蘋果片和米醋做的果凍做成可食裝飾，增加酸度，再搭配青蘋果汁醃漬的山藥，最後以新鮮紫蘇葉、黃檸檬皮及法國辣椒粉點綴。

｜侍茶師如何餐搭｜

大吉嶺的春摘茶本身就非常像無酒精的白葡萄酒，有著細膩花香與粉甜感，透過傳奇這款茶的青葡萄、橙花香氣，帶出青蘋果果肉的酸甜味，讓品嚐料理的酸甜感受更有層次，同時，清爽酸度又將黑鮪魚的鮮甜度提高，茶湯的橙花香氣與山藥、紫蘇共同堆疊出漂亮的風味曲線。

友善自然同時提高價值的種茶製茶理念

　　回到茶產業前，我曾在葡萄酒商擔任過業務，很感謝當時有學習葡萄酒的經驗。在葡萄酒的世界裡，特別重視酒款風味，然而風味代表了各地區的風土條件、該年份葡萄生長的狀態、釀酒師的工藝。大多數葡萄酒產區有法定產區的概念，利用法律來保護在地的品牌發展，例如：香檳區只能種植某些特定品種：Pinot Noir、Chardonnay⋯等，只有在香檳區釀造的氣泡酒才能被稱為香檳。

TEA COLUMN

　　以法律嚴格規範種植品種與製作工藝這件事，雖然短時間內會對農民造成衝擊，但長久來看，能為產業發展與地方品牌建立良好基礎。而且有了種植規範、限定的施肥及灌溉方式，才有比較的依據。而他們的製酒工序也有規範，釀酒師只能在規範內想辦法突破工藝，發展出最符合當地氣候與特色的釀酒技術。

　　直到現代終於印證了法定產區的制定是正確方向，「香檳產區」這個品牌在全世界葡萄酒市場、餐廳與品飲者有一群支持者，可能有人不喜歡，但品牌價值的確讓香檳區有了更好的銷售價格。在法定產區的規範裡，有些小農更能展現真實的風土樣貌，清楚地刻劃了地形氣候、葡萄品種所累積起來的風味；這一直是我憧憬的方向，希望台灣茶也能有明確的風土表現，甚至建立法律規範，有效地幫助我們的土地、茶樹、產業更永續地發展。

　　回到茶這個主題，大吉嶺的莊園主人們也會依據產區中的不同地形去創作茶款，有些頂級莊園為了取得更好的價格，還會做到各國的有機認證，包含歐盟、日本、美國，甚至是公平交易、雨林認證…等。最終的目的，是為了讓莊園茶品牌能在全世界有更好的知名度與價格，其實台灣也正努力朝這個方向前進，希望借鏡法定產區或莊園茶的概念，以永續方式善待土地，並運用製茶工藝讓地方茶款的特色表現到最好，相信台灣茶在未來的 10 年、20 年後就會有更好的發展與價值。

6

－ 台 灣 紅 茶 －

萃 取 、 品 飲 與 餐 搭

BLACK TEA

ABOUT BLACK TEA ———

蘊含台灣風格的在地紅茶

日據時期留下的品種與製茶技術

　　當代台灣常見適合製作紅茶的品種，包含金萱、阿薩姆、魚池鄉與多品種，幾乎都是日據時期茶樹品種培育才有現在的成果。而台灣紅茶重發酵的條索型製茶技術也由那時期的製作參數與工藝衍生而來。

　　海島型氣候的台灣位於亞熱帶，溫濕度高加上雨水豐沛，非常適合發展紅茶事業。在日據時期，日本人選擇南投縣魚池鄉來設立台灣紅茶試驗所，開始研發與製作，台灣紅茶也因此奠定了完整基礎，包含了製茶技術、工藝與品種研發。當時開發出來的品種一直保留至今，甚至現代還有少數老師傅仍然堅持著以傳統技術來製作紅茶。

台灣紅茶的特色

　　台灣氣候潮濕溫熱，以前的人們就有將成熟水果日曬乾燥後再保存的飲食習慣，這樣的製作能讓果乾甜度變得集中飽滿、果酸變得沉穩，同時帶有豐富的日照與乾燥香氣，這個概念與台灣紅茶極為類似，先將發酵做足再進行乾燥，並且利用不同品種與採摘等級來變化，創作出各種不同類型的紅茶。

茶款
1

南投日月潭・紅玉紅茶

　　位於南投縣魚池鄉有一處以全自然農法耕作的紅玉茶園，年齡超過 30 歲以上，茶樹根系健壯、土地肥沃，在台灣是很難得一見高齡的紅玉茶樹。茶園主人的上一代無力管理，下一代見到土地基礎如此良好的茶園，因此向父親提出願意接手，希望慢慢轉型成永續耕作的方式。

　　由於魚池鄉的氣候較潮濕溫熱，市售的紅玉紅茶常有悶熱發酵的酸味（有點類似水果悶到或撞到的味道）。為了避免這樣的味道，我們與年輕的茶園主人溝通，希望跳脫紅玉既有的製作方式，以人工採摘均勻的一心二葉，再導入釀酒概念，精準控制所有發酵工序的溫濕度。茶葉在數值固定的環境下緩慢成熟與發酵，讓茶葉風味維持成熟的水果酸香與飽滿的花蜜甜感，就像水果在樹上慢慢成熟再經過日曬後的沉穩酸甜味。

TEA ROASTING

焙茶師如何焙

烘焙狀態

　　紅玉在溫熱環境下長時間成熟，如同熱帶水果般有著飽滿的甜感。飽滿甜度的茶款只要經過烘焙就能將甜香轉換成紅糖、黑糖香氣，甚至能出現成熟果漿般的豐富甜度。但因為紅玉為大葉種，單寧感與纖維感都高，只要稍微烘焙過或火候控制不當，就可能造成明顯的焦味及乾澀感，所以很少人會拿紅玉來烘焙。

　　今年嘗試挑選紅玉的冬茶來烘焙看看，先以溫火去除茶葉內的水分，稍微加溫至 80℃，讓甜香變得更清楚亮麗之外，原先花蜜的香甜感再增添了一些紅糖與果醬香氣。但就算是以溫火烘焙和乾燥，外層還是會有明顯的乾澀感，所以把茶存放熟成 3 個月，整體風味就變得更溫潤舒服與飽滿。

TEA BREWING

司茶師帶你看茶與萃取

觀察茶乾外觀

　　重發酵紅茶外觀為黑色條索狀，葉子大小為 3 ～ 6 公分，台灣的阿薩姆紅茶、紫芽山茶，或是中國正山小種紅茶、滇紅也都是這種條索狀的外觀。

感受茶款風味

花蜜、乾燥玫瑰花、成熟柿子、龍眼花、薄荷、肉桂。

Brew

熱萃

沖 泡

萃 取 設 定 及 參 數

　　以150毫升的白瓷蓋杯沖泡,使用分段萃取將紅玉的香甜、茶質、風土個性分別表現出來,建議兩種沖泡參數:

1.想呈現清爽的花蜜香氣:
建議濃度1:60、置茶量 5.8 克、水溫 85℃;第一沖浸泡時間 40 秒、第二沖 20 秒、第三沖 40 秒。

2.想呈現厚重飽滿的茶體:
紅玉為大葉種,為避免茶感太澀,所以置茶量稍微縮減,建議濃度1:60、置茶量 7.5 克、水溫 88℃、第一沖浸泡時間 30 秒、第二沖 15 秒、第三沖 30 秒。

萃 取 操 作 及 品 飲

·厚重飽滿茶體的沖泡建議
使用白瓷蓋杯、建議濃度1：60、置茶量 7.5 克、水溫 88℃

· 浸泡時間
第一沖 30 秒、第二沖 15 秒、第三沖 30 秒

· 注水技巧運用
台灣的條索型紅茶大多以重發酵工藝製作，如果水流直接撞擊到茶葉、接觸面太大，容易造成局部過萃，建議每次注水放低壺嘴，以輕柔水流慢慢浸濕茶乾，降低注水高度以維持水溫。

· 出湯速度
順著瓷器蓋碗的弧度將茶湯全部倒出，切記，不能留茶湯在蓋杯內，會造成底部過度浸泡產生苦澀味。

1. 以熱水確實預熱蓋杯。

2. 輕輕將茶乾撥入蓋杯中均勻鋪平。

3. 進行溫潤泡，降低壺嘴，注水輕柔並保持
　穩定，完成後倒掉水。

4. 正式沖泡注水時慢慢繞圈，使茶葉味道均
　勻穩定釋放。

5. 使用蓋子輕輕撥動茶葉，把茶葉集中整理。

6. 從各個角度撥動，以確保每一片茶葉都浸泡到。

7. 用手指固定住蓋子，順著蓋杯弧度穩定出湯。

8. 切記不能殘留茶湯在蓋杯內，會造成底部過度浸泡而產生苦澀味。

· 品飲練習

我喜歡使用展口的杯型來品飲紅玉，展口杯比較矮小、杯緣外翻，接觸口腔面積大，能明顯感受紅玉特有的蜜甜黏稠感，以及乾燥玫瑰花沉穩的酸感。

第一沖：展現紅玉最外層的糖漿與果膠質，著重於上層香氣與甜美，一入口是花蜜香氣，乾燥玫瑰花香帶有些許的成熟柿子甜味。

第二沖：表現葉肉飽滿的部分，茶感強烈，舌面上有著柿子皮、柿子果肉的甜酸，玫瑰花香逐漸變得淡雅。

第三沖：萃取出葉梗、葉脈與葉肉完整的風味，沉穩厚重的單寧感直接壓在舌面，紅玉特殊的品種香氣──薄荷與肉桂味在鼻腔與喉頭處慢慢綻放。

Cold Brew

冷萃

製 作

萃 取 設 定 及 參 數

　　使用 750 毫升的冷水壺、建議濃度 1：110、置茶量 6.8 克。以常溫水浸泡 2 小時，確認茶葉充分舒展後，再放冰箱冷藏 18 小時即可濾出。紅玉有著充足日照加上大葉種的纖維，因此茶體結構非常強壯，建議用 TDS30 ～ 120ppm 的軟水來沖泡，更能表現出花蜜與酸甜感。若以硬水沖泡，可能會有堅澀感與粗澀感，堆疊出更粗糙的口感質地。

＊註：製作冷萃茶之前，請確認器具已消毒和乾燥。

冷 萃 茶 的 風 味 結 構

　　大部分紅茶都是高成熟度與重發酵的茶款，主要以沉穩的花蜜香甜、成熟的果乾、日曬味為主，個人推薦使用 RIEDEL Performance Oaked Chardonnay 品飲，杯子內緣特殊的菱角設計可將所有香氣表現得更清楚。品飲時輕輕搖晃杯子，帶出乾燥玫瑰、龍眼花、花蜜香氣。稍微放置，待茶湯回溫到 18℃時品飲，則能感受到成熟的柿子香甜，廣口杯型接觸舌面的面積越大，更能感受紅玉多層次的酸甜感，接著肉桂與辛香料的香氣從舌後慢慢化開，再一次被茶湯包覆，喉頭回甘回甜，花蜜與薄荷氣息會蔓延到鼻腔。這款杯型讓我對自己創作的紅玉再次改觀，也因此延伸出更多的烘焙與熟成技巧，讓風味更廣更豐富。

從茶湯、葉底分辨製茶工序

· 看茶湯顏色

此款紅玉是長時間低溫發酵來製作的，發酵
程度大約落在 65 ～ 70% 之間，湯色為均勻
透亮的鮮紅色。

如果萃取後的湯色偏暗紅，表示發酵過程可
能過濕過熱或產生悶熱感；如果茶湯為外紅
內綠，則表示發酵度與萎凋做得不足。

· 看葉底狀態

紅玉葉底大多為橙紅色，試著用手搓揉葉
底，能明顯感受到大葉種較為粗糙的質地，
這就是所謂的纖維感。

接著攤開所有茶葉，過於成熟的葉子可能橙
中帶褐，然後聞看看是否還有殘留蜜甜與花
香，藉此確認萃取完整度，若葉底有著明顯
發酵味或落葉、枯葉味，則表示可能過萃，
需微調溫度與浸泡時間。

TEA PAIRING

紅玉紅茶餐搭

胭脂鴨胸／紫包心菜／蜂蜜檸檬

搭配茶款

南投日月潭・紅玉紅茶

by **Chef 簡天才**

THOMAS CHIEN RESTAURANT

| 侍茶師如何餐搭 |

目前為止吃過最好的鴨胸料理是在高雄簡天才師傅 THOMAS CHIEN Restaurant，鴨皮煎得酥脆同時又保留油脂與肉汁，整道菜的質地銜接得非常漂亮，表皮酥脆、鬆軟，肉質又帶有嚼勁，越嚼越香，佐上肉汁與蜂蜜檸檬慢熬成的醬汁調味，使鴨胸增添了沉穩的酸甜，讓整體口感變得更加清爽。

紅玉與鴨肉非常登對，而且能加分襯托這道菜，讓風味更加完整。紅玉的甜香跟鴨肉的油脂彼此呼應，成熟柿子的沉穩果酸正好放大鴨肉的甜味，紅玉肉桂及薄荷香氣讓醬汁層次更為豐富，享用整道菜時感覺輕盈爽口。

料理與茶款的風味元素

紅玉的果甜酸 & 鴨肉的油脂甜香

茶款 2

南投同富村・蜜香紅茶

位於南投縣同富村後山，有一處以全自然農法耕作的金萱茶園，轉換成有機耕作已長達 10 年，前 5 年還是正常灌溉，但後 5 年轉換成永續耕作。利用大量落葉與有機質⋯等粗纖維肥料鋪在土地上，鬆軟土質讓微生物更好生存，水分同時保留在土地裡不易蒸散。近 5 年來氣候變遷嚴重，不是沒下雨就是一直下雨，要如何將水分保持在土地裡，不會因為日曬而過度蒸散，同時又可以使茶樹的主要根系往下長，在土地的深層繼續尋找水分，氣候及環境因素對於無法灌溉的茶園來說都是考驗。

金萱品種對環境的適應力極強，在如此嚴苛的耕作環境下也能好好生長，代表茶樹與土地的健康狀況都極佳。我希望以全自然耕作的金萱來製作蜜香紅茶，選擇東方美人的等級採摘一心二葉，完整保留新芽，但因為是純自然耕作，小綠葉蟬並不會每次採摘都準時報到。感謝老天賜予我們甜美的禮物，6 月時小綠葉蟬仍造訪了茶園，茶葉表面被叮咬出許多細微小孔，水分從這些小孔中慢慢蒸散，茶葉為了自保，就將葉子的甜度提高，如此的高甜度經過穩定發酵工序後才能表現出完美的蜜甜感。

TEA ROASTING

焙茶師如何焙

烘 焙 狀 態

　　這款蜜香紅茶與傳統的東方美人極為相近，但是刻意做低發酵，將發酵度做到 60% 左右，因為我希望呈現多汁又豐富的紅肉李子香甜味道。一般來說，傳統的東方美人製程會採摘更成熟的葉子來做到高發酵，若在 60 ～ 70% 之間，會表現成熟金桔或金桔醬的飽滿酸甜。雖然茶款的成熟度與甜度都高，但因為嫩芽的比例也高，不適合過度的糖化烘焙。

　　我使用傳統焙籠，以 60℃ 低溫慢慢將多餘水分去除再進行熟成。不提高溫度糖化，盡量保留所有嫩芽的粉甜香氣。精製前，內心掙扎許久，因為此品自然耕作的金萱茶園沒有灌溉，若再次乾燥會產生明顯乾澀感，又得靜置熟成半年以上，風味才會慢慢回覆到正常狀態。處女座追求完美的個性還是讓我埋首處理漫長烘焙工序，期待時間淬煉後，茶款風味能到嶺峰。

TEA BREWING

司茶師帶你看茶與萃取

觀察茶乾外觀

　　蜜香紅茶與東方美人的茶乾都是條索狀，葉子大小是 2 ～ 4.5 公分。金萱嫩芽會有明顯的白色絨毛，嫩芽經過乾燥之後，白色絨毛會變得更為明顯，東方美人的嫩芽也是如此，所以被稱為「白毫烏龍」。這款蜜香紅茶的嫩芽的採摘比例大約佔四分之一，我希望能呈現更多成熟葉的風味，所以並沒有特別加重白毫的比例。

感受茶款風味

紅糖、莓果乾、花蜜香甜、
西瓜李、紅肉李子。

Brew

熱萃

沖泡

萃 取 設 定 及 參 數

　　以 150 毫升的白瓷蓋杯沖泡，86℃的水溫能呈現最飽滿的蜜甜香氣，分段萃取則可展現茶款完整的風土滋味。同樣建議使用軟水沖泡，更能突顯蜜甜與花香，建議兩種沖泡參數（沖泡東方美人茶亦適用）：

1・想呈現飽滿的蜜甜香氣：
建議濃度 1：50、置茶量 9 克、水溫 86℃；第一沖浸泡時間 40 秒、第二沖 20 秒、第三沖 40 秒，萃取比例約 85%。

2・想呈現完整的風土滋味：
建議濃度 1：60、置茶量 7.5 克、水溫 88℃；第一沖浸泡時間 30 秒、第二沖 15 秒、第三沖 30 秒，萃取比例約 100%。

萃 取 操 作 及 品 飲

‧飽滿蜜甜香氣的沖泡建議
使用 150 毫升的白瓷蓋杯、濃度比例 1：50、置茶量 9 克、水溫 86℃。

‧浸泡時間
第一沖 40 秒、第二沖 20 秒、第三沖 40 秒

‧注水技巧運用
凡是有白毫或嫩芽的茶款，都建議使用輕柔的水流注水，並且繞圈均勻沖泡。

‧出湯速度
沿著蓋杯穩定出湯即可。

1. 以熱水確實預熱蓋杯，再將茶乾輕輕撥入蓋杯鋪平。

2. 以輕柔水流進行溫潤泡，打濕所有茶葉，能使味道釋放更均勻，完成後倒掉水。

3. 第一沖，壓低壺嘴繞圈，輕柔均勻注水。

4. 用手指固定住蓋子，順著蓋杯弧度穩定出湯。

5. 使用蓋子輕輕撥動茶葉,從各個角度把茶葉集中整理。

6. 用手指固定蓋子,順著蓋杯弧度穩定出湯,杯內不能殘留茶湯,第二沖也依上述方式操作。

7. 第三沖,壓低壺嘴繞圈,均勻注水。

8. 蜜香紅茶的茶湯呈現透亮橙色。

· 品飲練習

蜜香紅茶是細緻的茶款，選擇使用景德鎮老土燒結而成的瓷器，杯身偏細瘦，剛好可以集中花蜜香甜的表現，外翻的杯口增加就口面積，能幫助感受多層次果酸。

第一沖：展現白毫特有的花粉香甜，有點像西瓜李的果肉，柔軟的口感、花蜜香氣與清亮果酸直達鼻腔。

第二沖：蜜香與蜜甜在這一沖完全展現，同時有李子果肉般Q彈又多汁的口感，厚重的茶味慢慢落在舌面。我喜歡將蜜香紅茶的第一沖與第二沖混在一起喝，能展現西瓜李果皮到果肉的多汁香甜。

第三沖：萃取到葉梗與葉脈，清楚感受自然耕作所帶來的乾澀感，就像吃果皮，同時有香有澀，留在口腔的餘韻綿長，果皮香氣與回甘甜感從喉頭慢慢化開，是輕柔優雅的花蜜香氣。

Cold Brew

冷
萃
——————
製　作
——————

萃取設定及參數

　　使用 750 毫升的冷水壺、建議濃度 1：100、置茶量 7.5 克。以常溫水浸泡 2 小時，確認茶葉都充分舒展後，再放冰箱冷藏 18 小時即可濾出。建議使用 TDS60 ～ 120ppm 之間的水，些許的礦物質能補足茶體結構，再利用水的軟甜感來增加茶款的花蜜香氣。

＊註：製作冷萃茶之前，請確認器具已消毒和乾燥。

冷萃茶的風味結構

　　品飲蜜香紅茶時，使用不同杯款喝起來的感受會截然不同，用香檳杯喝的風味如同粉紅酒，表現出紅肉李子的果皮香甜及淡雅花粉香氣。若用 Oaked Chardonnay 杯來喝，則是沉穩的發酵香甜、花蜜與成穩的熟果香氣。如果今天的場合需求是把蜜香紅茶當成迎賓茶，推薦使用香檳杯；若是搭配甜點或熱菜的話，則建議使用 Oaked Chardonnay 杯來品飲。

從茶湯、葉底分辨製茶工序

· 看茶湯顏色

凡是沖泡帶有白毫的茶款，一定會有少許白毫漂浮於茶湯表面，可能會使茶湯看起來混濁，只需把白毫濾掉，茶湯一樣能維持澄清透亮。凡是發酵均勻的蜜香紅茶或東方美人茶，茶湯皆為清澈透亮的橙色，若茶乾稍微有悶到的話，會使橙色偏暗；若發酵工序不足，茶湯顏色是橙中帶黃或帶綠。

· 看葉底狀態

若是在採摘或乾燥得宜的情況下，所有葉底應該都能充分展開。另外，觀察老葉的比例是否過高，再用手指稍微輕微搓揉茶渣，會有些許類似果皮的植物纖維感，再透過葉緣觀察揉捻工序是否得宜，不應該有太多的缺角與破碎葉。

產生破碎葉的 3 個原因

原因 1

採摘茶葉時，難免會採到老葉、蟲蛀葉、破碎葉與不均勻的部位，這些葉子本身較纖維化，經過炒茶脫水後會變得更酥脆，接著經過揉捻、擠壓，葉子便會破碎。

TEA COLUMN

原因 2

機械採收時，通常會設定好剪刀高度，進行無差別採摘，把破碎葉、茶梗一併採收下來，而這些不規則形狀的葉子經過揉捻、炒茶、乾燥、烘焙後會變成細末，最終用風鼓機篩選時，再以風力吹掉淘汰掉。機械採收的優點，是能在短時間內大量採收茶葉，但也會有一定的損耗，不過只要篩選得宜，就可避免過多的茶末葉殘留於茶湯中。

原因 3

進行炒茶時，溫度過高導致茶葉纖維化，一旦茶葉纖維化就如同枯葉般，只要稍微施力就會破碎，而在後續的揉捻工序中，又加重了這些乾燥葉破碎的機率。揉捻工序進行到後段時，這些碎茶末被包覆在每顆成形的茶葉上，因此難以用風力篩選掉瑕疵。進行沖泡時，當茶葉舒展開來，這些碎末就會跑到茶湯中，而產生過多的焦苦、單寧及苦澀味。

破碎葉。

－球型烏龍茶－
萃取、品飲與餐搭

OOLONG TEA

ABOUT WOOLONG TEA ─────

代表台灣風土的球型烏龍茶

與台式料理呼應的茶湯風味

球型烏龍茶最能代表台灣風土，茶樹生長於溫熱潮濕的海島型氣候，因此必須做足發酵與烘焙工序，以利保存並防止變質。此外，為了更容易裝箱外銷，特意將茶葉揉捻成球型，以減少體積。

球型烏龍茶的風味與大多數台灣料理有許多共通點，像自然成熟所產生的甜感，如同溫熱帶水果般甜美；發酵工序與日曬香氣對應水果乾與蜜餞；經過烘焙產生的火香，就像熱炒料理般有著鑊氣、梅納反應的香味，都是專屬於台灣烏龍茶特有的風味表現。

沖泡技巧與器具都更講究的烏龍茶泡法

在沖泡上，得運用更多不同的器具、技巧，將烏龍茶的風味精準表達。沖泡烏龍茶的複雜度比綠茶、紅茶更高，有更多器具選擇與水流運用方式，在東方文化中，功夫泡、茶道、茶席也都是以沖泡烏龍茶為主體而延伸。一旦認識烏龍茶的萃取，便不難理解瓷器蓋杯、朱泥壺和紫砂壺為何在烏龍茶的世界裡是重要的器具角色。

茶款 1

玉山・若芽 - 清香烏龍

若芽是台灣高山茶的經典風味，有著清爽細緻的花果香氣。高山烏龍是由傳統凍頂烏龍製茶工藝衍生而來，由於現代包裝保存技術進步，才能製作成接近綠茶的輕發酵球型烏龍茶，看似能簡單沖泡，其實有許多細節。

位於南投縣信義鄉草坪頭後山、面向西北的青心烏龍茶園，由一位非常信任的茶農朋友——張育誠所管理耕作，7 年前合作時就讓我驚訝不已，竟然有人能把青心烏龍管理得這麼好，早已使用永續與自然的理念來耕作，無論茶樹與土地都非常健康。當我踏入茶園的那一刻，感受鬆軟的土地、茶樹自然的清香，非常開心終於找到理念相同的茶農。

我對茶湯風味的要求是純淨、無負擔，和育誠相識前，其實走訪過無數高山茶園，不管名氣與製茶工藝好壞，一定得看到茶園的土地管理才能決定是否合作，因為茶園土地與茶樹健康狀況最能代表一切。我認為，如果茶農願意重視品質、尊重土地，就一定會鑽研茶園管理與土地相關的所有細節，而這些努力都會影響茶菁品質與茶葉的最終狀態。

TEA ROASTING

焙茶師如何焙

烘焙狀態

2021 年的冬茶對烘焙者來說相當難得，茶菁在冬天寒冷的環境中生長，當年雨水不足，造就了飽滿甜度，又有明顯冷霜感、精油香氣、葉片厚肥膠質飽滿。這款烘焙創作想跳脫大眾對於台灣高山茶的既定印象，同時做出甜美紮實的結構；在茶葉外層烘焙出飽滿的水果甜香，內層保留冬茶原有粉嫩細緻。

初步製作時跟茶農溝通好，採摘成熟的一心三葉～四葉並做足發酵，如此便可呈現飽滿的肉質與果膠質。精準控制發酵溫濕度並拉長發酵時間，將風味發酵至成熟的花蜜香甜、蜜桃果肉軟綿的質地。初製時，確實做足發酵，後續才有辦法做好烘焙與糖化。

烘焙初期，先把茶葉內部水分焙乾淨，以 75℃ 低溫慢火烘焙 5 次，確實去除茶葉的菁味、水味、咖啡因，利用 3 個月反覆烘焙，確保茶葉沒有任何刺激性。接著提高烘焙溫度至 100℃，讓茶葉不規則的表面均勻糖化，呈現飽滿水果的蜜甜感與蔗糖香氣。這並不容易，因為茶葉糖化一般只會在表面，如同炸雞只有外衣酥脆，但內部不能炸到乾柴，才能保留多汁鮮甜的狀態。

以 100℃ 中溫烘焙時，每次烘焙兩小時並仔細觀察香氣變化，一旦糖化產生甜香就要翻動，烘焙 2 小時後休息，等待茶葉回潤靜置後再次烘焙。如此細微繁瑣的工序得反覆 6 次、持續半年。最後的成品非常有趣，茶湯顏色是金黃焦糖色，但香氣與口感卻意外輕盈細緻，前後花了 1 年時間，是 2022 年非常滿意的作品。

TEA BREWING

司茶師帶你看茶與萃取

觀察茶乾外觀

　　以人工採摘一心三葉～四葉的若芽是球型茶乾，茶球大小平均為
0.5～0.8公分，此茶款發酵度刻意做高，故茶乾顏色是蜜綠色。從外觀
可以得知茶葉經過完整團揉，因此沖泡時間必須拉長或使用高溫燒結、高
保溫效果的器具來萃取。建議以88～93℃沖泡最適當，它和市面上常見
其他產區：梨山、阿里山、福壽山、衫林溪…等高海拔茶區的茶乾外觀相
同，也適用以下沖泡建議。

感受茶款風味

梔子花、青草、花粉、
青葡萄皮、蓮霧果肉。

Brew

熱
萃

沖 泡

萃 取 設 定 及 參 數

　　為了呈現兩種茶湯風味，用朱泥壺或白瓷蓋杯分別沖泡，建議兩種沖泡參數：

1・厚重飽滿的茶感和濃郁香氣：
使用高溫燒結朱泥壺來表現厚重飽滿的茶感與濃郁香氣，進行三段式萃取。建議濃度 1：50、置茶量 9 克，萃取溫度 95℃、浸泡時間第一沖 60 秒、第二沖 30 秒、第三沖 60 秒。

2・想呈現清爽花果香甜：
使用高溫燒結朱泥壺進行三段式萃取。建議濃度 1：50、置茶量 9 克，萃取溫度 90℃、浸泡時間第一沖 75 秒、第二沖 32 秒、第三沖 75 秒。

$$萃取操作及品飲$$

·置茶量

使用 150 毫升的朱泥壺、濃度比例 1：50、置茶量 9 克，希望表現台灣高山茶特有的圓潤質地，類似成熟果肉多汁又綿密的口感。

·浸泡時間

第一沖：90℃、浸泡時間 75 秒
第二沖：88℃、浸泡時間 32 秒
第三沖：85℃、浸泡時間 75 秒

·注水技巧運用

建議使用軟水沖泡，軟嫩細緻的水質適合拿來表現高山清香烏龍，更突顯圓潤滑順的質地，並且創造出更多層次。注水前，確實以熱水把茶具溫熱，確保浸泡溫度能維持高溫。

進行第一沖之前先溫潤泡，提高水溫至 95℃ 浸泡 3 秒，稍微去除茶葉外層的乾燥感，同時讓烏龍茶乾內外的溫度達到一致，幫助後續萃取過程中能更均勻地釋放。

第一沖：大力注水，讓茶葉在壺中充分翻動，並盡量避免拉高，以低沖大水流確保水溫不會下降。

第二、三沖：確認茶葉都已經充分舒展開來，再貼著壺嘴注水，盡量減少水柱撞擊茶葉，以順時鐘方向均勻注水。

若沖泡水溫太低或浸泡時間不足，容易使茶葉無法充分張開；置茶量太多，則會讓茶葉出現皺摺，也無法確實舒展開來。

· **出湯速度**

平順穩定的出湯即可。

1. 以高溫熱水先確實溫壺。

2. 輕輕將茶乾撥入壺中後進行溫潤泡,能幫助球型茶葉更均勻釋放,完成後倒掉水。

3. 第一沖,提高注水高度,使茶葉充分翻動。

4. 注滿水後,輕輕蓋上壺蓋。

5. 順著水流穩定出湯。

6. 第二沖，壓低壺嘴，降低水流衝擊。

7. 緩慢繞圈，均勻注水，浸泡後順著壺嘴穩定出湯；第三沖也依此方式操作。

8. 若芽的茶湯呈現金黃色。

· 品飲練習

第一沖：提取茶葉外層均勻烘焙的香甜感，像成熟青葡萄般甜蜜，又保有寒冷天氣下生長的花粉嫩甜與冷霜感。最外層的果膠質像糖漿般黏稠，可以細細品飲多層次的質地變化。

第二沖：萃取到葉肉部位，成熟果肉的軟綿多汁完全展現，像成熟蜜桃果肉般鬆鬆軟軟的質地，又有青色水果的明亮酸度。落在舌面是青綠色葡萄般的軟綿多汁，飽滿的果香與花香綿延到鼻腔綻放。

第三沖：萃取到葉肉、葉梗、葉脈部位，出現梔子花瓣的香氣、青澀葡萄皮、蓮霧皮，花香與果香中都有著明顯植物的纖維感。第三沖少了圓潤質地，像是果皮與花瓣的單寧感抓在舌面，從口腔餘韻回甘到喉頭，都是滿滿的花果香甜。

Cold Brew

冷萃

―――――
製　作

萃 取 設 定 及 參 數

使用 750 毫升的冷水壺、濃度比例 1：100、置茶量 7.5 克，以常溫水浸泡 1 小時，確認茶葉都充分舒展後，再放冰箱冷藏 16 小時即可濾出。建議使用軟水沖泡，盡量避免使用硬水或氣泡水。平時冷藏保存溫度為 5 ～ 8℃，品飲溫度是 13℃。

＊註：製作冷萃茶之前，請確認器具已消毒和乾燥。

冷 萃 茶 的 風 味 結 構

若芽的風味屬於清亮的花果香氣，選用 RIEDEL Performance 系列的香檳杯很合適，細瘦、窄口的杯型能將冬茶細膩又粉甜的香氣集中於杯口，非常適合展現重視第一層香氣的若芽。清亮的花香沿著上顎直達鼻腔，口腔中段能感受果肉般的甜美多汁，青綠色水果的酸度慢慢落到舌側。感受茶湯圓潤的同時，果酸開始蔓延到兩頰，鼻腔的花香同步展現。最後，喉頭回甘、回甜，果皮與花瓣香氣包覆在舌面與口腔，慢慢綻放開來。

從茶湯、葉底分辨製茶工序

· 看茶湯顏色

若芽屬於輕發酵、輕烘焙的茶款，不僅茶葉萎凋與發酵工序都要確實做到位，後續烘焙也要均勻糖化與熟成。烘焙1年、熟成半年的時間，茶湯整體為均勻的金黃色，外圍則有著清晰的焦糖色。冬茶在乾冷的環境下生長，又經過充分烘焙，維持乾燥環境下生長並製作的茶款，一定會有少許茶末殘留，屬於正常現象，只要湯色飽滿均勻透亮，就表示不是過萃或是萃取不足。

· 看葉底狀態

通常冬茶採摘是較成熟的葉子，可以看到葉底大多為均勻的一心三葉～四葉。先前提到生長環境相對乾冷，難免有些破碎葉，但只要乾燥工序恰當，有些許茶末是沒關係的。用手稍微搓揉茶葉，便可感受成熟葉較厚肥，整體顏色包含葉梗與葉脈皆為均勻的綠黃色，代表烘焙度非常均勻。

TEA PAIRING

清香烏龍餐搭

煙燻優格 / 黃瓜 / 鰤魚

搭配茶款

玉山·若芽 - 清香烏龍

by **Executive Chef -THOMAS**

LA VIE BY THOMAS BÜHNER

The idea for this course corresponds to my philosophy of heating and marinating the products of a dish only slightly in order to preserve or emphasise their own flavour.

In addition, different ways of processing a product provide a variety of flavours.

For example, cucumber as a gaspacho, as a roll, as a gel and the skin in crunchy julienne.

Yoghurt, on the one hand, smoked and also mixed with buttermilk as snow.

Hamachi, marinated in Asian style, and then an egg yolk praline with yuzu, breaded with a weeping dust of nori seaweed.

This creates a different "popping" of flavour.

┃ 侍茶師如何餐搭 ┃

這道料理以新鮮鰤魚肚為主幹，油脂豐富、鮮甜、入口即化，以煙燻優格包覆在魚身外層，增添黏稠質地與香氣層次。青色小黃瓜醬汁賦予了清爽香氣，使整道料理感受更為平衡。

若芽是輕焙火的茶款，具有糖漿般的黏稠感，恰好銜接煙燻優格的質地，融合後變得更 Creamy。輕發酵茶款的酸度亦能帶出鰤魚的鮮甜，若芽原有的花果香氣與小黃瓜的瓜果香氣堆疊在一起，超愛這個組合。

料理與茶款的風味元素

清香烏龍果香 & 優格酸及瓜果香氣

南投名間・小滿－慢焙烏龍

以 24 節氣中的「小滿」命名的茶款，展現稻穗粒粒飽滿、被風吹動搖擺的畫面，有著穀物、稻穗被陽光曬過後的香氣，選擇使用南投縣名間鄉有機四季春製作，是創業 12 年後再次以初心概念創作的茶款。

南投縣名間鄉海拔最高為 400 公尺，非高海拔茶區以往常被市場定義成不好的茶區。但其實名間鄉日照充足、茶葉生長快速，近年來因應市場需求，很多茶農開始種植產量高的四季春，符合現今手搖飲的大量需求。在台灣手搖飲市場中，四季青、四季春這些名字很常見，從最早一杯 20 元到現在 30 ～ 40 元的價位都有。品種

特色是有著奔放的茉莉花香，很受大眾喜愛。我想以全自然有機農法來管理四季春茶園，做出如同高海拔茶區般的飽滿風味結構。

與資深的有機茶農——陳明清溝通創作時，我們優先討論如何提升土地狀態，從土地管理改善，慢慢增加更多植物性粗纖維肥料，再把土地的有機質與微生物養護到健全，逐漸減少灌溉次數，除非真的沒有降雨才會灌溉。大約花了 3 年時間，整體環境和生態更加友善自然，我們終於做到了，而且讓人喝不出這款茶竟然來自名間茶區。

TEA ROASTING

焙茶師如何焙

烘焙狀態

如同起初的想法，想呈現小滿節氣稻穗飽滿的畫面，採收稻米後進行日曬，把甜度集中在米粒裡，此時外層是穀物稻穗香，內層則飽滿香甜，有點像是炸雞外酥內軟的概念，利用不同熟度的堆疊，使風味層次變得更多更廣。

這概念運用在焙茶技術上有一定難度，茶本身的醣類與油脂都不多，梅納反應或焦糖化過程很容易焦掉。烘焙時幾乎不能休息，一直守在焙籠旁，一旦發現茶葉受火面焦糖化完成、產生香氣，就要立即翻動，以免焦掉。反覆翻動6、7次後，梅納反應產生的香氣消失了，香氣暫時不會再變化，表示第一階段已烘焙完成。

此時將茶葉從焙籠倒出，平鋪放在冷氣出風口下快速冷卻，使茶葉表面的毛細孔緊縮，避免空氣中的水分立即被茶吸附，刻意將環境濕度降低至40%。用大包裝綁緊袋口，維持少量空氣，放進熟成室回潤20天，使表皮纖維軟化，待水分的分佈更均勻時，就可準備下次烘焙。

用如此細膩繁瑣的烘焙工序完成小滿，慢慢地將風味層層堆疊成完整的內外差，如果沒有良好的原物料，根本沒有任何可塑性能創作。只要茶葉嫩採成熟度不足、施肥方式不正確，就有肥料味殘留。茶葉原物料的狀態會限制所有的工序與製程，因此原物料、耕作環境、茶樹健康狀況都是關鍵，而且不僅影響製作與烘焙工序，就連沖泡參數與最終風味也有極大影響。

TEA BREWING

司茶師帶你看茶與萃取

觀察茶乾外觀

　　有機茶園的四季春茶乾外觀平均為 0.5 公分的小顆球型茶。因為是機械採收，把瑕疵挑選掉之後，幾乎每顆球型都是一片葉子。經過長時間中高溫烘焙，外觀色澤是焦糖褐色，褐色茶葉代表烘焙度足夠，建議使用 90 ～ 95℃的熱水沖泡，但可稍微減少沖泡時間，因為是小顆的茶，建議每沖在 1 分鐘以內為限，就足以讓茶葉充分展開。

感受茶款風味

穀物、稻穗、乾燥花、
焦糖甜、成熟水果。

Brew

熱
萃

沖　泡

> 萃 取 設 定 及 參 數

　　使用紫砂壺、白瓷蓋杯或朱泥壺來沖泡皆可，建議濃度1：50。為了呈現不同的風味，可以調整溫度與浸泡時間，建議兩種沖泡參數：

1 · 想呈現傳統厚重茶體：
使用 150 毫升的紫砂壺、高溫熱沖來呈現厚重的茶體，建議濃度1：50、置茶量 9 克、水溫 95℃、第一沖時間建議 55 秒、第二沖 25 秒、第三沖 55 秒。

2 · 想呈現穀物、乾燥花果香：
使用高燒結的白瓷蓋杯或朱泥壺都可以，這兩種器具毛細孔密度極小，能保留更多香氣層次，溫度設定 90℃，第一沖時間建議 65 秒、第二沖 32 秒、第三沖 65 秒。

萃 取 操 作 及 品 飲

· 傳統厚重茶體的沖泡建議

使用 150 毫升的朱泥壺、建議濃度 1：50、置茶量 9 克、水溫 95℃。

· 浸泡時間

第一沖：95℃、浸泡時間 50 秒（從提壺到出湯）

第二沖：92℃、浸泡時間 25 秒（從提壺到出湯）

第三沖：88℃、浸泡時間 50 秒（從提壺到出湯）

· 注水技巧運用

球型茶款均建議先溫潤泡，稍微去除茶葉表層的纖維與單寧，並且讓茶葉充分溫潤，內外溫度均勻一致。

第一沖：大力注水，創造水流讓茶葉在茶壺中充分翻動，盡量避免拉高水流，低沖大流量，確保水溫一致。

第二沖及第三沖：貼在壺口注水，減少水柱撞擊到茶葉的機會，以手沖咖啡的方式繞圈均勻注水。因為是機械採收，茶葉舒展開來後，可明顯看見葉型較破碎，更需均勻注水，才能使茶葉味道平衡釋放。

· **出湯速度**

機械採收的球型烏龍茶顆粒較小，出湯時間就需更精準，必須把提壺、出湯的時間都算進浸泡時間裡，請留意只要多浸泡了 5 ～ 10 秒，茶湯濃度就會過高。

1. 以熱水確實溫壺。

2. 輕輕將茶乾撥入壺中。

3. 進行溫潤泡，時間為 5 秒，稍微去除茶葉表面乾澀，完成後倒掉水。

4. 以 92℃熱水進行第一沖，快注滿水時，拉高壺嘴翻動茶葉。

5. 順著壺嘴穩定出湯。

6. 因為茶葉已經展開,後續進行第二、三沖時,都需壓低壺嘴,以免過度衝擊茶葉。

7. 切記每一沖出湯都確實把茶湯倒乾淨。

8. 小滿的茶湯呈現金黃色。

· 品飲練習

我自己平時喝茶喜好偏向原物料風格，尤其是長時間烘焙與熟成的茶款，有著溫潤細緻的木質調，所以用以上設定沖泡，希望萃取出「小滿」的穀物香氣與飽滿茶體。香氣與茶體結構需要足夠的單寧支撐，單寧能提供更多香氣及餘韻。

第一沖：釋放茶葉外層的焦糖化與木質調，出現日曬穀物、焦糖的甜香，與四季春乾燥後的熟成花果香氣。

第二沖：萃取葉肉部位，些許外層的木質調與單寧感，同步釋放葉肉的稻穗香氣與花果香甜。

第三沖：萃取出葉肉、葉梗、葉脈部位，外層的纖維與烘焙香甜味慢慢下降，四季春品種香氣在第三沖非常明顯，再加上反覆烘焙與熟成，乾燥茉莉與蘋果乾的香甜，最後留在口腔的是穀物、乾燥花及乾燥水果乾香氣。

Cold Brew

冷萃

製 作

萃 取 設 定 及 參 數

使用 750 毫升的冷水壺、濃度比例 1：100、置茶量 7.5 克，以常溫水浸泡 1 小時，確認茶葉都舒展開來，再放冰箱冷藏 16 小時即可濾出。小滿生長於海拔 400 公尺的茶園，又經過烘焙，因此單寧較高，建議使用軟水沖泡，避免使用硬水或鎂、鈣含量高的水質。

*註：製作冷萃茶之前，請確認器具已消毒和乾燥。

冷 萃 茶 的 風 味 結 構

小滿是外熟內清爽的茶體結構，有著成熟穀物與花果清爽香氣，而且甜度高。建議使用 Riesling 杯型，杯肚細瘦、收口集中，更能展現第一層及第二層的亮麗香氣。

前段有如焦糖甜美帶著穀物、稻穗香氣，乾燥茉莉花香銜接在後，整體香氣如同過桶過的甜白酒。到了中段，穀物香甜及木質調落在舌面上，糖香及乾燥花香堆疊到舌面中間，乾燥蘋果香味落在喉頭，中焙火的香甜及花香在鼻腔綻放。口中殘留的尾韻，先從穀物香開始慢慢化開變成稻穗甜香，花果香氣襯在後方，但兩者香氣不衝突，反而堆疊出有趣的風味。

從茶湯、葉底分辨製茶工序

· 看茶湯顏色

小滿是內與外不同烘焙度的茶款，外層已經烘焙至焦糖褐色，而內層還是屬於中度發酵的金黃色。所以這款茶不講求顏色的均勻度，而是同時保有褐色與金黃色。整體色澤以金黃色為主，金黃色代表在製茶廠初製時就已做到均勻發酵。

· 看葉底狀態

攤開所有葉底會發現每片葉子獨自分開，不同於手採茶。機械採收過程會有大量雜葉或碎葉，可透過多道篩選工序去除瑕疵，初製過程先以風鼓機篩選，精製時再精挑掉瑕疵、淘汰破碎葉。

若初製時確實做到中度發酵，整片茶葉會呈現黃綠色，再經過烘焙，會再多加上一層褐色，代表烘焙度及發酵度都非常均勻，再加上有一定時間的熟成度，因此茶葉顏色的一致性極佳。

TEA PAIRING

慢焙烏龍餐搭

筍子 / 鹹蛋黃 / 蛤蜊

搭配茶款

南投名間鄉 · 小滿 - 慢焙烏龍

by   **Chef - 凱維**

RESTAURANT LE PLEIN 滿堂

竹筍是台灣夏天的旬味食材，我們以竹筍、炭烤竹筍搭配滑蛋，另外配上蛤蜊泡沫及鹹蛋黃脆片。竹筍本身的蔬菜鮮甜和蛤蜊鮮味呼應，再以滑蛋讓口感更滑順好入口，添加蛋酥多了香氣與空氣感，這樣的搭配方式能感受到不同層次的味覺及口感變化。

｜ 侍 茶 師 如 何 餐 搭 ｜

主廚使用了多種筍類組合，綠竹筍、茭白筍、玉米筍，有各自的鮮甜層次，搭配小滿烘焙過後的成熟甜香，使不同筍子的甜味變得像水果般甜美。「小滿」後段的果酸把這道料理多層次的鮮度放大，同時，稻穗穀物香氣與鹹蛋黃脆片更是完美契合在一起。

料理與茶款的風味元素

筍子鮮甜 & 小滿的成熟甜香

台東鹿野‧紅烏龍

這款有機紅烏龍的產地在台東縣鹿野鄉，離熱氣球的鹿野高台只要10分鐘車程。茶園為四分地、茶樹年齡約為14歲，目前由第三代七年級的年輕茶農掌管，我們以全有機耕作的概念談合作，並製作出彼此嚮往的茶款。

合作初期，因為茶園第二代長輩對於灌溉與施肥用藥非常執著，轉而和第三代討論，以自然永續的概念轉型，不過度施肥，先好好養護土地的有機質與微生物，使茶樹生長得更健康。花了1年時間，在土地上鋪花生殼，再使用抑草蓆使土地水分不過度蒸散，利用大面積的粗纖維覆蓋地表來減少灌溉次數。目前到了第3年，土地越來越鬆軟了，不噴灑除草劑，連雜草都請人工拔除。將雜草及落葉堆置在茶園旁邊半年，再加入植物性的黃豆肥、芝麻粕，讓其慢慢發酵，待發酵後再放回茶園施作當做有機質。

接著，我們也溝通茶菁採摘及初步製作。首先，減少每籠茶菁的裝載重量。東部的平均氣溫高，避免採摘時過度堆疊而導致悶熱，同時要保持通風。茶菁進茶廠後，控制好每個製作環節的溫濕度，讓茶菁在均勻溫度下進行萎凋與發酵，防止茶葉發酵時過熱而產生悶味、水味。

TEA ROASTING

焙茶師如何焙

> 烘焙狀態

我以前並不喜歡紅烏龍，主因是台東天氣炎熱，大部分茶農在茶葉發酵過程中不會重視環境溫濕度，高發酵又經過揉捻、烘焙，導致茶湯酸度過高過熟、有悶味。大家想像一下，如果拿過熟或臭酸的水果去做成果醬會有什麼情況？一樣的道理，若在製茶初期沒做好而產生酸感，再加熱烘焙後會更可怕。

做好的紅烏龍，初製時有著蜜番薯與花蜜的多層次甜感，高甜度的茶款對烘焙師來說再最好不過了。但是，台東鹿野日照充足，茶款容易乾澀，因此烘焙溫度需拿捏得精準，一不小心溫度太高、時間過長，就會有明顯焦味。

為了創作出甜感更為豐富、更飽滿的紅烏龍，總共進行 5 次烘焙，一層一層地讓甜感包覆在茶葉表面，除了原本的蜜番薯香氣外，希望賦予更多黑糖糕與柴燒黑糖香，甚至還有荔枝蜜的香氣。先花了半年時間溫火烘焙，再花半年的時間靜置熟成，非常滿意這次的成品結果。

TEA BREWING

司茶師帶你看茶與萃取

觀察茶乾外觀

　　機械採收茶葉外觀為 0.3 ～ 0.5 公分的球型。以全自然農法耕作的紅烏龍，是重發酵、重烘焙製成，因此茶乾色澤是黑金色。

　　建議使用保溫效果佳的茶具，以 88 ～ 95℃ 中溫萃取。一方面避免溫度過高而萃取出台東日照充足的單寧感，一方面又要能表現出紅烏龍的飽滿香甜。因為長時間烘焙使得茶葉纖維硬化的關係，建議浸泡時間稍微拉長至 1 分鐘以上，才能將茶款多層次的甜香度完全表現出來。

感受茶款風味

紅糖、柴燒黑糖、黑糖
糕、荔枝蜜、蜜番薯。

Brew

熱
萃

―――――
沖　泡
―――――

萃 取 設 定 及 參 數

　　建議以高溫燒結的紫砂壺來沖泡，並透過調整濃度比例、置茶量、溫度來呈現兩種不同品飲感受，有兩種沖泡參數：

1 · 想呈現豐富甜感：

刻意降低萃取溫度減少單寧釋放，並拉長浸泡時間補足風味結構。以 175 毫升的茶壺為例，建議濃度 1：50、置茶量 10.5 克、水溫 88℃、第一沖浸泡時間 90 秒、第二沖 45 秒、第三沖 90 秒。

2 · 想呈現厚重強壯的茶感：

提高溫度萃取出更多單寧，香氣與茶體厚度皆更強壯飽滿，但乾澀感相對增加。建議濃度 1：50、置茶量 10.5 克、水溫 92℃、第一沖浸泡時間 60 秒、第二沖 30 秒、第三沖 60 秒。

萃 取 操 作 及 品 飲

· 豐富甜感的沖泡建議：
使用 175 毫升的紫砂壺，建議濃度 1：50、置茶量 10.5 克、水溫 88℃

· 浸泡時間
第一沖：88℃、浸泡時間 1 分 30 秒
第二沖：85℃、浸泡時間 45 秒
第三沖：82℃、浸泡時間 1 分 30 秒

· 注水技巧運用
第一沖：大力注水，使茶葉在壺中充分翻動，並盡量避免拉高，降低壺嘴，以大水量注水，確保水溫不會下降。

第二、三沖：貼在壺口注水，減少水柱衝擊茶葉，如同手沖咖啡的方式均勻繞圈注水。

· 出湯速度
平順穩定出湯即可，每次出湯都確實倒乾淨，以免殘留造成過萃。

1. 以熱水確實溫壺後輕輕放入茶乾，均勻鋪平。

2. 進行溫潤泡，幫助茶葉去除乾澀感，完成後倒掉水。

3. 第一沖先壓低壺嘴，確保維持高水溫，快注滿水時提高水流，將茶葉均勻打散。

4. 第二、三沖都壓低壺嘴，貼在壺口均勻繞圈注水。

5. 順著壺嘴穩定出湯即可。

6. 紅烏龍的茶湯呈現琥珀與焦糖橙紅色。

· 品飲練習

紅烏龍甜度高，可以擔當甜湯的角色，以紫砂壺長時間低溫萃取的設定能使甜香層次更豐富華麗，同時有著糖漿般的黏稠質地。以中溫拉長時間萃取的話，則能把紅烏龍的酸度表現得非常清楚，成熟果酸與甜感又是互相平衡的狀態。

第一沖：萃取茶葉外層，展現紅糖、黑糖與荔枝蜜的香氣。

第二沖：萃取葉肉的部位，厚重飽滿的肉質感，使茶湯變得像糖漿般黏稠，如同黑糖糕；中後段出現蜜番薯甜，重發酵與長時間烘焙的單寧包覆舌面，日曬荔枝乾的香氣在口中慢慢化開。

第三沖：萃取葉梗葉脈部位，植物纖維感明顯，土地與茶樹本質風味明顯展現，包含荔枝乾、番薯纖維感、煙燻味。

Cold Brew

冷萃

製 作

萃 取 設 定 及 參 數

使用 750 毫升的冷水壺、濃度比例 1：100、置茶量 7.5 克。以常溫水浸泡 2～2.5 小時，確認茶葉都充分舒展後，再放冰箱冷藏 16 小時即可濾出。紅烏龍的單寧及發酵程度高，建議使用軟水來沖泡，盡量避免使用硬水。

＊註：製作冷萃茶之前，請確認器具已消毒和乾燥。

冷 萃 茶 的 風 味 結 構

紅烏龍是一款成熟度高、熟成度也高的茶款，因此我選擇 RIEDEL VERITAS Oaked Chardonnay 杯型來品飲，它是寬口、肚子圓大的杯子，能將香氣展現得非常完整，杯緣並不高，就口時可以感受到第二層香氣。前段的花蜜香氣飽滿，同時帶有荔枝的果酸感，與高甜度結合變成荔枝蜜，紅糖香氣慢慢落到舌面暈開。來到中段，糖香接續黏稠口感，讓整個糖香變得像黑糖糕般的圓潤。到了後段，開始有蜜番薯香氣，近似番薯纖維一絲絲的單寧很清楚，甚至有點像荔枝乾燥後的殼以及荔枝果乾的纖維感落在舌面與上顎，這款紅烏龍的甜度可以持續許久。除了喉頭回甘以外，整個口腔也因為厚重單寧的停留而造就綿長餘韻。

從茶湯、葉底分辨製茶工序

‧看茶湯顏色

先前提到，紅烏龍是重發酵後再烘焙的茶款，因此茶湯有著琥珀與焦糖橙紅色。首先拿起杯子查看湯色是否均勻透亮，有細微的茶末是可以允許的，但湯色必須清澈，如果湯色從裡到外顏色一致，就表示茶款的發酵與烘焙工序都有做足。

‧看葉底狀態

將萃取後的葉底張開，先看葉片顏色是否為均勻的深紅色，從葉面到葉梗顏色皆均勻就表示初製時發酵工序有做好；若初步製作發酵不均勻，顏色則有落差，可能葉緣深紅，葉子中心到葉梗為深綠。

接著看外觀，紅烏龍是中度烘焙的發酵茶，經由高溫加熱後葉子植物纖維會硬化，使茶葉不容易全葉張開，只會呈現半開捲曲狀態。用手稍微搓揉葉子，能明顯感受到台東日照充足造就的纖維感。

不只純飲，茶湯搭配鮮奶的享用方式

　　有些朋友喜歡純飲茶，但也有朋友會問我：「能否做成奶茶？」當然可以，我特別推薦紅烏龍搭配鮮奶，做成鮮奶茶享用。一般來說，為了萃取更多厚重的茶體，鮮奶茶常見的做法是用鍋煮，將鮮奶先加熱至一定溫度，再投入茶葉慢慢攪拌，但鮮奶經過再次加熱後，原本細緻的香氣會隨著加熱時間慢慢流失。因此，我更推薦低溫調和的做法，先以兩倍濃度萃取出高濃度茶湯，冷卻後再依照口味比例與鮮奶均勻混合。

▪ **萃取茶湯建議濃度：**
使用 350 毫升的白瓷大壺，高濃度萃取設定為茶乾 1 克：水 25 毫升、水溫93℃、浸泡時間 6 分鐘。

TEA COLUMN

▪ **調和建議：**

剛萃取出的濃縮茶湯，趁高溫時依口味喜好加糖攪拌均勻。喜愛甜度的螞蟻人，建議以 300 毫升濃縮茶湯加 30 克糖，不甜主義者則可不加糖。加入白糖可增加基礎甜度，或可添加紅糖（二砂）、黑糖增加香氣層次。

▪ **飲用方式：**

1. 熱熱喝

鮮乳隔水加熱至 60℃，以茶湯 1：鮮乳 3 的比例調和，攪拌均勻即可。

2. 冰冰喝

將濃縮茶湯冷藏至 5℃，以茶湯 1：鮮乳 3 的比例調和，攪拌均勻即可。

與紅烏龍完美搭配的鮮奶好朋友
M I L K

想做出好喝的紅烏龍鮮奶茶，除了要選製茶工序完整的茶，還需要乳脂含量高的好鮮奶。2017 年有緣認識鮮乳坊，發現他們的永續、友善品牌理念與我對茶的觀念相同，使「小農」不是行銷表面，而能真正落實到產品本身。注重本質而做到「好農」，落實產業共好與綠色循環。

鮮乳坊合作之一的桂芳牧場，二代主理人導入科技與企業化管理牧場，除了牧場的環境乾淨外，連微生物、生菌都好好管理掌控。包含牛飼料的品質、含水量、微生量也精準控制，讓牛吃得健康，鮮乳品質一定好。桂芳牧場鮮乳的風味清晰，純飲能感受到玉米筍、甜燕麥、甘蔗清甜、腰果泥與桂花蜜香，而且乳脂肪有 4% 以上，用來製作鮮奶茶最適合不過了。

茶 款
Tasting Notes

日本綠茶

宇治山・煎茶

茶款 1

Tasting Note	
茶乾外觀	■細碎型 □嫩芽型 □條索型 □球型
茶湯清澈	■清澈　□混濁
茶湯顏色	■青綠　□金黃　□橙紅　□紅色 □焦糖　□琥珀　□黑褐　□黑色
香氣強度	■低　□中　□高
香氣類型	■草本　■花香　□果香　□蜜甜 □核果　□木質　□其他
質地	黏稠滑順，帶有輕微粗澀感

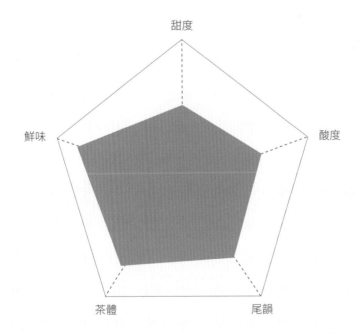

茶款 2

日本綠茶

福岡八女・有機玉露 - 翠玉

Tasting Note	
茶乾外觀	■細碎型 □嫩芽型 □條索型 □球型
茶湯清澈	■清澈 □混濁
茶湯顏色	■青綠 □金黃 □橙紅 □紅色 □焦糖 □琥珀 □黑褐 □黑色
香氣強度	■低 □中 □高
香氣類型	■草本 ■花香 □果香 □蜜甜 □核果 □木質 □其他
質地	綿密、黏稠、滑順

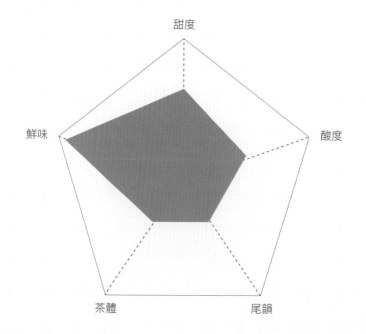

莊園紅茶

印度大吉嶺・桑格瑪莊園 蜜香正夏

茶款 3

2021 Sungma,Kakra Musk,SFTGFOP1,2nd Flush

Tasting Note	
茶乾外觀	□細碎型 ■嫩芽型 □條索型 □球型
茶湯清澈	■清澈 □混濁
茶湯顏色	□青綠 □金黃 □橙紅 ■紅色 □焦糖 □琥珀 □黑褐 □黑色
香氣強度	□低 □中 ■高
香氣類型	□草本 ■花香 ■果香 ■蜜甜 □核果 ■木質 □其他
質地	單寧強壯且帶有礦石感

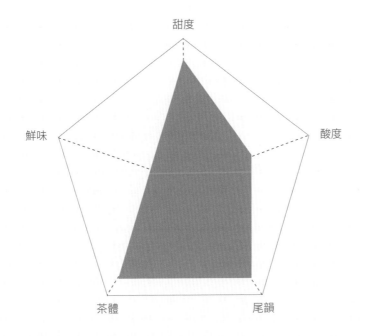

莊園紅茶

茶款 4 印度大吉嶺・塔桑莊園 喜馬拉雅傳奇・春摘

2022 Turzum, Himalayan Mystics,SFTGFOP1, 1st Flush

Tasting Note	
茶乾外觀	□細碎型 ■嫩芽型 □條索型 □球型
茶湯清澈	■清澈 □混濁
茶湯顏色	□青綠 ■金黃 ■橙紅 □紅色 □焦糖 □琥珀 □黑褐 □黑色
香氣強度	□低 □中 ■高
香氣類型	□草本 ■花香 ■果香 ■蜜甜 □核果 □木質 □其他
質地	單寧結構飽滿、帶有輕微絨毛感

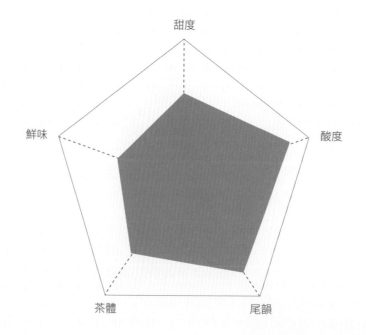

台灣紅茶

南投日月潭 · 紅玉紅茶

茶款 5

Tasting Note	
茶乾外觀	□細碎型 □嫩芽型 ■條索型 □球型
茶湯清澈	■清澈　□混濁
茶湯顏色	□青綠　□金黃　□橙紅　■紅色 □焦糖　□琥珀　□黑褐　□黑色
香氣強度	□低　□中　■高
香氣類型	□草本　■花香　■果香　■蜜甜 □核果　■木質　■其他
質地	糖漿般黏稠，帶有明顯單寧感

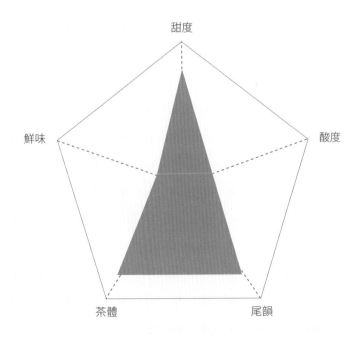

台灣紅茶

南投同富村‧蜜香紅茶

Tasting Note	
茶乾外觀	□細碎型 ■嫩芽型 ■條索型 □球型
茶湯清澈	■清澈 □混濁
茶湯顏色	□青綠 □金黃 ■橙紅 □紅色 □焦糖 □琥珀 □黑褐 □黑色
香氣強度	□低 ■中 □高
香氣類型	□草本 ■花香 ■果香 ■蜜甜 □核果 □木質 □其他
質地	粉甜鬆軟、黏稠感

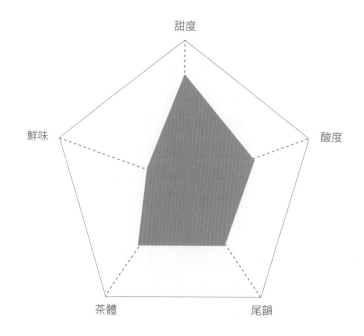

台灣烏龍茶

玉山・若芽－清香烏龍

茶款 7

Tasting Note	
茶乾外觀	□細碎型 □嫩芽型 □條索型 ■球型
茶湯清澈	■清澈　□混濁
茶湯顏色	□青綠　■金黃　□橙紅　□紅色 □焦糖　□琥珀　□黑褐　□黑色
香氣強度	□低　■中　□高
香氣類型	■草本　□花香　■果香　□蜜甜 □核果　□木質　□其他
質地	粉甜圓潤

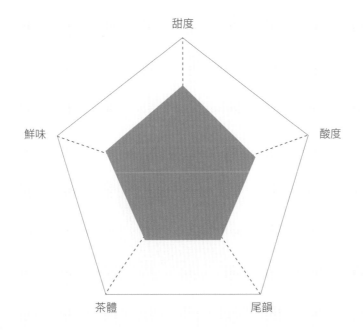

茶款 8

台灣烏龍茶
南投名間·小滿－慢焙烏龍

Tasting Note	
茶乾外觀	□細碎型 □嫩芽型 □條索型 ■球型
茶湯清澈	■清澈 □混濁
茶湯顏色	□青綠 □金黃 □橙紅 □紅色 ■焦糖 □琥珀 □黑褐 □黑色
香氣強度	□低 □中 ■高
香氣類型	□草本 ■花香 ■果香 □蜜甜 ■核果 ■木質 □其他
質地	乾燥稻穗的纖維感、帶有輕微粗澀

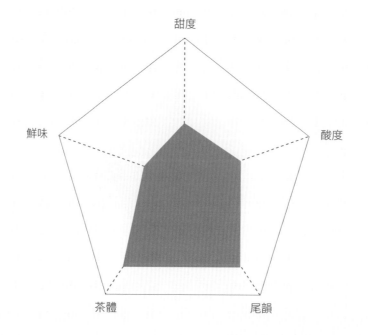

台灣烏龍茶

台南鹿野・紅烏龍

茶款 9

Tasting Note	
茶乾外觀	□細碎型 □嫩芽型 □條索型 ■球型
茶湯清澈	■清澈　□混濁
茶湯顏色	□青綠　□金黃　□橙紅　■紅色 □焦糖　■琥珀　□黑褐　□黑色
香氣強度	□低　□中　■高
香氣類型	□草本　□花香　■果香　■蜜甜 □核果　■木質　□其他
質地	糖漿般黏稠，又有明顯粗澀感

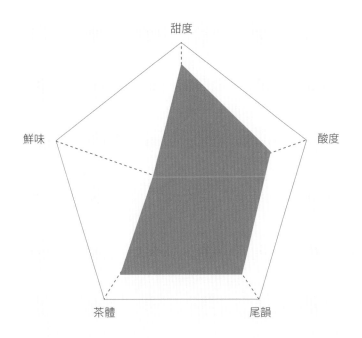

萃茶風味

全方位拆解沖泡變因，
司茶師從熱萃冷萃、品飲邏輯
與餐搭帶你感受茶香變化！

作　　者　藍大誠（部分照片提供）
特約攝影　王正毅
封面與內頁設計　謝捲子＠誠美作
責任編輯　蕭歆儀

總 編 輯　林麗文
副 總 編　梁淑玲、黃佳燕
主　　編　高佩琳、賴秉薇、蕭歆儀
行銷總監　祝子慧
行銷企劃　林彥伶、朱妍靜

社　　長　郭重興
發 行 人　曾大福

出　　版　幸福文化／遠足文化事業股份有限公司
地　　址　231 新北市新店區民權路 108-1 號 8 樓
粉 絲 團　https://www.facebook.com/Happyhappybooks/
電　　話　（02）2218-1417
傳　　真　（02）2218-8057

發　　行　遠足文化事業股份有限公司
地　　址　231 新北市新店區民權路 108-2 號 9 樓
電　　話　（02）2218-1417
傳　　真　（02）2218-1142
客服信箱　service@bookrep.com.tw
客服電話　0800-221-029
郵撥帳號　19504465
網　　址　www.bookrep.com.tw
團體訂購請洽業務部（02）2218-1417 分機 1124

法律顧問　華洋法律事務所 蘇文生律師
印　　製　博創印藝文化事業有限公司

初版一刷　西元 2023 年 5 月
定　　價　520 元　　書號　1KSA0021
ISBN：9786267184868
ISBN：9786267184950（PDF）
ISBN：9786267184967（EPUB）

國家圖書館出版品預行編目 (CIP) 資料

萃茶風味：全方位拆解沖泡變因，司茶師從熱萃冷
萃、品飲邏輯與餐搭帶你感受茶香變化！
／藍大誠著 . -- 初版 . -- 新北市：幸福文化出版社出
版：遠足文化事業股份有限公司發行 , 2023.05
　面；　公分
ISBN 978-626-7184-87-5(平裝)

1.CST: 茶葉 2.CST: 茶藝
481.6　　　　112001540

特別聲明：有關本書中的言論內容，
不代表本公司／出版集團的立場及意
見，由作者自行承擔文責。

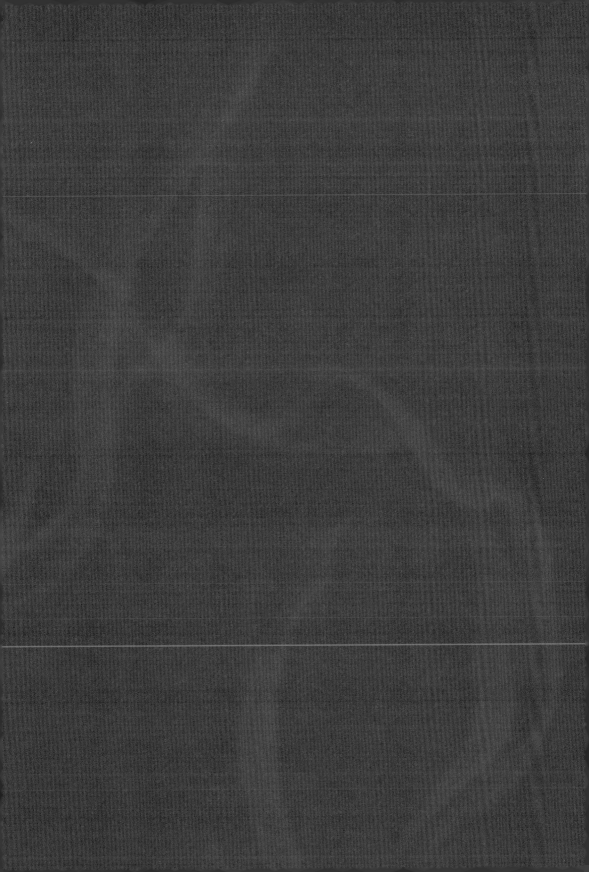

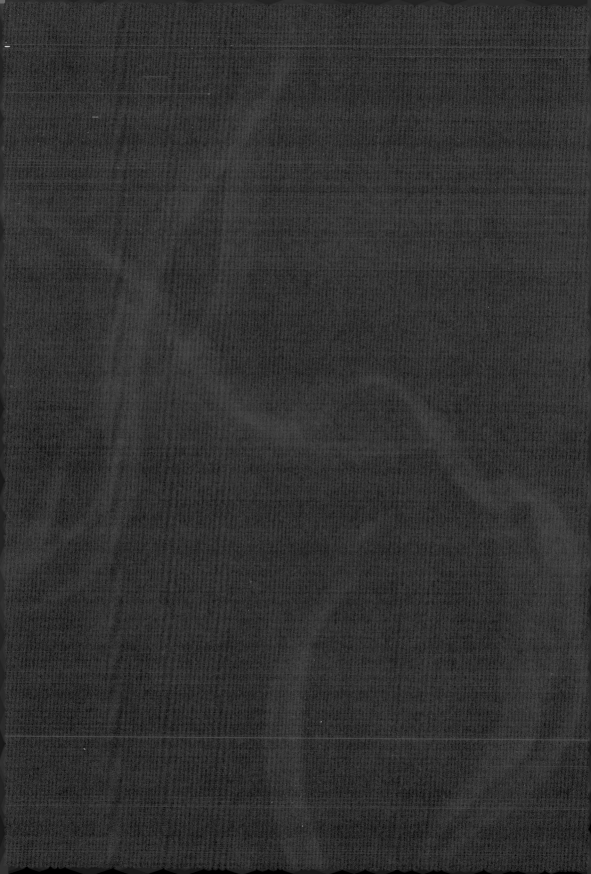